茱莉亞的
私房廚藝書

JULIA'S KITCHEN WISDOM

一生必學的法式烹飪技巧與經典食譜

JULIA CHILD

茱莉亞・柴爾德——著

大衛・納斯鮑姆 (David Nussbaum)——協力

王淑玫——譯

ESSENTIAL TECHNIQUES AND
RECIPES FROM A LIFETIME OF COOKING

推薦序

料理與記憶

陳嵐舒
亞洲最佳女主廚、樂沐（Le Moût）法式餐廳創辦人

多年前的一個午間，我們循著指南到設於 Copia（納帕葡萄酒藝術中心）園內的 Julia's Kitchen 用餐。白石子鋪成的小徑，紅艷艷的石榴掛在枝頭，一畦一畦的小菜圃圍繞於餐廳外，種著薄荷、迷迭香、鼠尾草、小番茄、黃瓜、甜椒……濕潤泥土的氣味，交織青澀和甜香在藍天白雲下浮動。我和家人坐在明亮簡潔的餐廳裡，欣賞窗外迎風搖曳的花草，品嘗灑滿加州陽光的法式料理……

如今翻看一張張當時用餐的照片，每道菜的口感鹹淡變得模糊，任憑瞧得多仔細也再難回味出食物的細節，奇怪的是，那種滿溢著清新和單純的愉悅卻依然鮮明，連坐在椅上等待的片刻都清晰得有如昨日。2007 年的納帕河谷和 2013 年的納帕河谷，相隔六個夏天，Copia 早已歇業，納帕市區的風光不再。人事的種種變化無法細數，閉著眼，當時的情景卻依舊美得令人微笑。關於料理的記憶總是如此，當我們認定美味與否的理由隨著時間淡去，曾湧現心中的讚嘆滿足，卻會被回憶調和成不同顏色的喜悅與感動，烙印在生命裡。

情感賦予料理一股神祕的魅力，因此與好友共享美食常常比獨自一人更有滋味，當我們悉心為所愛的人烹調，心裡的期待和興奮總是遠多於身著華服、趕赴盛宴的夜晚。所有的感受與回憶就像大廚的祕密配方，讓美味的每一刻都獨一無二；而這樣的一本食譜，字裡行間不離料理，卻載滿茱莉亞·柴爾德這位傳奇女子對生活的刻畫與熱愛──也是她料理中最迷人的風味。聽她娓娓道來，將積累了大半生的經歷，傾注在這些充滿情感的紀錄裡與我們分享。輕輕地，書中有個更細微的聲音提示著我們，生命最令人喜悅的，莫過於能用雙手創造出美好的回憶，然後用心來保存。

經典中的經典 —— 歷久彌新的茱莉亞

謝忠道

「巴黎玩家謝忠道」（臉書粉專）

　　茱莉亞・柴爾德是將法國料理引入美國的重要人物，地位一如當年臺灣的傅培梅，對美國社會家庭的料理水準的提升，舉足輕重。而最重要的是她在教導美國婦女製作法國料理的基礎作法，今日看來這些作法不但沒有過時，反而更讓人欽佩其扎實的基礎功夫。

　　因為是針對家庭主婦，所以作法清晰明瞭，上手簡易，同時又嚴謹專業，對細節的要求一絲不苟。從各種湯底醬汁，到傳統風味，地方菜色都有，涵蓋度既深且廣。在各種人工添加物，化學食品，工業調理包無所不在的今日，更顯得這些傳統作法的可貴。所謂的「古早味」或是「媽媽的味道」，嚴格的定義其實是在這一層上。

　　從基礎食譜的角度看，這本書是西方料理作品中的小品；從歷史傳統的角度看是巨作，是經典中的經典。也是食物為何好吃的祕密所在。

葉怡蘭

飲食旅遊作家・《Yilan 美食生活玩家》網站創辦人

　　宛若一本掌門人級練功祕笈，茱莉亞・柴爾德多年淬煉累積而得的基礎西菜廚藝技巧與經驗智慧精華盡在此中。不管是初學者或熟習者，都有所獲。

目錄

推薦序　陳嵐舒：料理與記憶
　　　　謝忠道：經典中的經典──歷久彌新的茱莉亞
　　　　葉怡蘭：宛若一本掌門人級練功祕笈
謝辭
引言

Chapter 1　湯底與兩種醬底

湯底 18

- 18　青蒜馬鈴薯湯
  + 洋蔥馬鈴薯湯 + 青蒜馬鈴薯濃湯
  + 豆瓣菜湯 + 維琪冷湯

高湯

- 20　清雞高湯
  + 火雞、小牛肉或豬高湯 + 火腿高湯
  + 深色雞、火雞或鴨高湯
- 21　簡易牛高湯
  + 深色小牛、豬或羊骨高湯
- 22　魚高湯

高湯或是罐頭湯製作的湯

- 23　蔬菜雞湯
  + 蔬菜牛肉湯 + 法式洋蔥湯
  + 焗烤洋蔥湯

- 26　地中海魚湯
- 27　蘇格蘭湯

奶油濃湯

- 28　奶油蘑菇濃湯
  + 奶油青花菜濃湯 + 奶油蘆筍濃湯
  + 奶油胡蘿蔔濃湯

無脂米漿濃湯

- 31　大頭菜白米洋蔥泥蘇比斯湯
  + 黃瓜濃湯 + 蔬菜雞肉濃湯

巧達湯

- 33　巧達湯底
  + 新英格蘭蛤蠣巧達湯 + 魚肉巧達湯
  + 雞肉巧達湯 + 玉米巧達湯

兩種醬底 35

35 　白醬
　　　+ 絲絨濃醬

36 　荷蘭醬（奶油蛋黃醬）
　　　+ 貝亞恩蛋黃醬

⚔ Chapter 2　沙拉與沙拉醬

沙拉蔬菜 40

41 　綜合青蔬沙拉

沙拉醬 42

43 　基本油醋醬 + 5 種變化

44 　含羞草沙拉（水煮雞蛋碎沙拉）

45 　捲葉苦苣沙拉佐培根和水波蛋

45 　溫鴨腿沙拉

主菜沙拉 46

46 　尼斯沙拉
　　　+ 冷烤肉沙拉 + 敘利亞羊肉沙拉
　　　+ 雉雞、鴨、雞或火雞胸肉沙拉

49 　雞肉沙拉
　　　+ 火雞沙拉 + 龍蝦、螃蟹、鮮蝦沙拉

50 　義大利麵沙拉

50 　美式馬鈴薯沙拉
　　　+ 法式馬鈴薯沙拉
　　　+ 溫馬鈴薯沙拉佐香腸

高麗菜和其他的蔬菜沙拉 52

52 　涼拌高麗菜沙拉

53 　根芹菜雷莫拉沙拉

54 　甜菜根絲沙拉 + 甜菜根片沙拉

55 　黃瓜沙拉

Chapter 3　蔬菜

蒸煮蔬菜 62

- 63　白煮蔬菜表與烹調
- 65　蒸蔬菜表與烹調
- 68　蒸煮蔬菜表與烹調
  + 紅燴洋蔥 + 白燴洋蔥

烤蔬菜 71

- 71　普羅旺斯烤番茄
- 72　烤南瓜
- 72　烤茄片和茄子披薩
- 74　焗烤白花菜 + 青花菜或甘藍 + 焗烤櫛瓜

嫩煎蔬菜 75

- 75　嫩煎蘑菇 + 蘑菇丁杜舍爾醬
- 76　炒洋蔥甜椒
- 76　洋蔥醬
- 77　炒櫛瓜絲 + 奶油櫛瓜
- 77　炒／蒸甜菜根絲
  + 蕪菁、大頭菜和胡蘿蔔

燴蔬菜 78

- 78　燴西芹 + 燴青蒜
- 79　燴苦苣
- 79　甜酸紫高麗菜

馬鈴薯 80

- 80　馬鈴薯泥
  + 蒜味馬鈴薯泥
- 82　蒸馬鈴薯
- 82　水煮馬鈴薯片
- 83　焗烤多菲內馬鈴薯千層派
  + 焗烤薩瓦馬鈴薯千層派 + 馬鈴薯安娜
- 85　嫩煎馬鈴薯塊
- 86　最好吃的馬鈴薯煎餅
  + 大馬鈴薯派
- 87　薯條

米 88

88　煮白米飯 **+** 法式燉飯 **+** 野米燴飯

乾豆類 90

90　4 種煮乾豆類的訣竅 **+** 不加蓋煮豆法 **+** 壓力鍋煮豆法 **+** 慢燉鍋煮豆法

✕ Chapter 4　肉類、禽類和魚類

煎炒 94

95　煎牛排
　　+ 嫩煎小牛肉片
　　+ 無骨雞胸肉
　　+ 大蒜檸檬蝦
　　+ 大蒜香草煎干貝
　　+ 2 種漢堡

99　小牛肝和洋蔥

100　法式奶油嫩煎魚排

101　厚豬排

101　厚小牛排

102　嫩煎牛菲力

102　嫩煎豬腰內肉

103　白酒煎雞肉
　　+ 普羅旺斯風味
　　+ 巴斯克風味雞
　　+ 法式家常風味煎雞肉

上火烤 105

106　炙烤蝴蝶雞
　　+ 燒烤大隻雞或火雞 **+** 炙烤春雞

109　炙烤魚排

110　炙烤羊肉串

110　炙烤牛腹排

111　炙烤漢堡肉

112　炙烤蝴蝶切去骨羊腿

113　炙烤蝴蝶切豬腰肉

爐烤　　　　　　　　　　　　　　　　　　　　114

- 115　爐烤肋眼牛排
- 116　爐烤紐約客牛排
- 117　爐烤牛菲力
- 118　爐烤羊腿
- 118　進口羊腿
- 120　爐烤法式羊肋排
- 121　爐烤豬腰肉 + 爐烤新鮮火腿豬腿
- 123　牛肉和豬肉餅
- 124　法式鄉村肉派
- 125　爐烤全雞 + 爐烤春雞 + 爐烤火雞
- 128　蒸烤鴨
- 129　蒸烤鵝
- 130　爐烤全魚 + 烤小條的鱒魚與鯖魚

燉　　　　　　　　　　　　　　　　　　　　132

- 132　法式家常火鍋 + 豬肩肉或波蘭香腸 + 燉小牛肉 + 燉雞肉或燉火雞肉

燜與燴　　　　　　　　　　　　　　　　　　135

- 135　紅酒燉牛肉 + 燉肉 + 紅酒燉雞 + 白酒燉雞
- 138　燉羊肉
- 138　羊後腿腱
- 138　米蘭式燴小牛膝

魚和貝類：白煮與清蒸　　　　　　　　　　　139

- 139　白酒煮魚片排
- 140　白酒煮干貝
    + 碎香料 + 番茄普羅旺斯風味
- 141　白煮鮭魚排
- 142　清蒸整條鮭魚
- 143　清蒸龍蝦

Chapter 5　蛋類烹調

- 146　法式歐姆蛋捲 + 碎香草調味 + 加料蛋捲
- 150　炒蛋 + 冷炒蛋番茄盅 + 冷炒蛋佐蒔蘿
- 152　水波蛋 + 班乃狄克蛋 + 凡頓舒芙蕾
- 154　烤蛋 + 鮮奶油烤蛋 + 黑奶油醬烤蛋 + 焗烤蛋
- 156　布丁杯烤蛋
- 157　白煮蛋 + 基本冷食惡魔蛋 + 烤惡魔蛋
　　　+ 奇美風焗烤惡魔蛋

舒芙蕾 159

160　風味乳酪舒芙蕾　　　　　　　　**+** 盛盤舒芙蕾 **+** 舒芙蕾捲
　　　+ 蔬菜舒芙蕾 **+** 鮭魚和其他魚類舒芙蕾　　**+** 甲殼類舒芙蕾

舒芙蕾甜點 164

164　香草舒芙蕾 **+** 甘邑橙酒香橙舒芙蕾 **+** 巧克力舒芙蕾

風味卡士達 167

168　青花菜奶油盅 **+** 大型奶油盅 **+** 玉米布丁盅

烤卡士達甜點 170

170　焦糖卡士達布丁 **+**（單杯）焦糖布丁盅 **+**（單杯）蛋白椰絲餅乾卡士達盅

甜點卡士達淋醬和餡料 172

173　英式蛋奶醬（經典卡士達醬）　　176　沙巴庸
174　漂浮島　　　　　　　　　　　　177　經典巧克力慕斯
175　卡士達奶油派

Chapter 6　麵包、可麗餅和塔

麵包 184

184　白麵包、法國麵包、披薩　　　188　做 **+** 烤兩條長型法國麵包
　　　和硬麵包的基礎麵團　　　　　　　　**+** 棍子麵包 **+** 用吐司烤模烘焙
193　用麵包機烤麵包：白吐司　　　　　　**+** 法式硬皮小餐包
　　　　　　　　　　　　　　　　　　　　+ 圓形鄉村麵包 **+** 披薩

兩種麵包甜點 194

194　蘋果夏洛蒂蛋糕　　　　　　　196　肉桂吐司布丁

可麗餅 197

- 198　多用途可麗餅皮
- 199　鹹味菠菜和蘑菇可麗餅捲
- 200　草莓可麗餅甜點

千層蛋糕 201

- 201　龍蝦、青花菜和蘑菇鹹味千層蛋糕
- 203　諾曼地千層蛋糕
- 202　橙香火焰可麗餅
  - ✚ 柑橘杏仁奶油可麗餅

塔／派 204

- 204　多用途派皮麵團 —— 精緻酥皮
  - ✚ 甜點塔用的甜麵團
- 206　塔皮塑形
- 207　預烤塔皮 —— 盲烤
- 208　洛林鹹派 ✚ 乳酪與培根鹹派 ✚ 菠菜鹹派
  - ✚ 甲殼類海鮮鹹派 ✚ 洋蔥與香腸鹹派
- 210　蘋果塔 ✚ 自由塑形蘋果塔 ✚ 鴨梨塔
  - ✚ 新鮮草莓塔 ✚ 卡士達奶油餡和草莓
- 212　著名的翻轉蘋果塔

Chapter 7　蛋糕和餅乾

蛋糕 216

- 217　法式海綿蛋糕
  - ✚ 糖霜巧克力夾餡蛋糕
  - ✚ 杯子蛋糕 ✚ 蛋糕捲
- 221　日內瓦杏仁蛋糕
  - ✚ 杏仁杯子蛋糕
- 223　核桃夾餡蛋糕
- 224　希巴女王巧克力杏仁蛋糕
- 226　蛋白霜堅果夾餡蛋糕
  - ✚ 巧克力榛果達克瓦茲

夾餡與糖霜

- 229　義大利蛋白霜
  - ✚ 蛋白霜奶油夾餡
  - ✚ 蛋白霜巧克力夾餡
  - ✚ 蛋白霜鮮奶油夾餡
- 230　巧克力甘那許
- 231　軟巧克力糖霜
- 231　白蘭地奶油夾餡
- 232　杏桃夾餡

餅乾 233

234　貓舌餅 ── 手指甜餅 + 餅乾杯 + 瓦片餅乾 + 杏仁或榛果瓦片

後記：比司吉 236

236　泡打粉比司吉 + 草莓酥餅

✕ Chapter 8　廚房器材與定義

242　廚房器材　　　　　　　　249　定義

編按

使用茱莉亞的食譜時，建議使用相同單位的容器作容量計算，除烘焙部分以精準數值，其餘本書皆採近似值換算：

- 1 磅約等於 453 克，本書一律以 450 公克計
- 1 盎司約等於 28.35 克，本書一律以 28 公克計
- 1 吋等於 2.54 公分，本書一律以 2.5 公分計
- 1 液體夸特約等於 946ml，本書一律以 1 公升計，烘焙相關除外
- 1 品脫等於 473ml，本書一律以 470ml 計
- 1 杯等於 240ml，此指牛奶或水等液體，固形物不換算
- 華氏 100 度約等於攝氏 37.8 度

或可參考 Tips 23 茱莉亞提供的方式。

謝辭

本書代表著和同儕以及朋友們，四十多年來在烹飪上面的快樂合作。當我們決定要從我早期的節目中剪出一個特輯時，激發了本書的靈感。這些片段，包括了在波士頓「教育電視台」（WGBH），於一九六三年二月十一日所播放的第一集——《紅酒燉牛肉》。你不可能推出美食節目，然後沒有搭配的食譜，本書因此而誕生。我深深地感謝讓這一切都變成真的天使們。

我對茱迪絲·瓊斯由衷、持久的感激，從我開始寫食譜以來，她一直擔任我的編輯。這本書的構想來自於她，每一個建議、每一章節和段落，甚至是每一個句子，都經過她細心審閱。她的評語和建議都彌足珍貴，她的意見更是無價之寶。我對身為編輯的茱迪絲，和她個人，都懷有著無盡的景仰與情誼。

我的合作夥伴大衛·納斯鮑姆（David Nussbaum）在從不同節目和書籍中蒐集、挑選素材上，完成了出色的工作。他進行測試和比較，列出綱要和建議，而且總是為我準備好可立即進行的詳盡資料。實在地說，如果沒有大衛的幫忙，本書絕對不可能完成，更不用說能在截稿期限前完成了。

我要特別感謝啟發本書的美國公共電視網（PBS）兩小時《茱莉亞的廚藝智慧》（Julia's Kitchen Wisdom）特別節目的製作人傑夫·杜拉蒙。傑夫和他的剪接師賀伯，從冗長的錄影帶中挑選出適當的片段，並且將它們剪輯成一個完整的節目。傑夫和奈特·卡次曼的公司（A La Carte Communications, Inc.）也製作了我過去的四個電視節目《Cooking with Master Chefs》、《In Julia' s Kitchen with Master Chefs》、《Baking with Julia》以及《Jacques and Julia Cooking at Home》，還有和賈克·派平（Jacques Pépin）一起主持的《Cooking in Concert》。這些節目的片段，都出現在特輯中。我們合作的過程非常地愉快，我對傑夫有著無盡的崇敬和感激。

我要持續熱切地感謝美國公共電視網（PBS），是 PBS 成就了我的職業生涯。沒有 PBS，就沒有我；我非常感激美國公共電視網給予參與者的支持和自由。我們多麼地幸運能有這樣的電視台存在！

我要真誠地感謝過去多年來幫助我，並且努力讓我們的電視特輯以及本書成功的人，包括我的家庭律師和忠實的友人威廉·托斯洛。我的第一位製作人羅素·莫拉，他帶著我們從《The French Chef》開始，一直到《Julia Child & Company》系列。還有維多利亞花園料理同時也是我們的第一位執行主廚瑪莉安·莫拉。還有部分《The French Chef》的製作人，和獨一無二的個人指導和珍貴的友人茹絲·拉克伍。才華洋溢的食物攝影和電視設計師、許多書和節目的食譜發想人羅絲瑪莉·馬奈。有時在《Company》系列中擔任執行主廚、才華驚人的莎拉·莫爾頓。我長期的助理兼好友史蒂芬妮·賀希，沒有她，我的辦公室會是一團混亂，而我的生活也會是黯然無光且毫無條理的。

這麼龐大的企劃不可能在缺乏慷慨贊助者的情況下完成，公共電視節目尤然。我很驕傲地宣告我們和羅伯蒙戴夫酒莊（Robert Mondavi Winery）的關係，他開創的精神和慷慨讓加州酒在全世界都受到認同。我也很高興我最愛的抹醬蘭歐雷克奶油（Land O' Lakes Butter）再度與我們合作。我們在《Baking with Julia》系列節目中，一共用了 573 磅它們的產品。而這些優質的奶油都進了我們最終的贊助商歐克業鍋具（All-Clad Metalcrafters）生產的上好鍋具中。我由衷地感謝以上三家廠商。

永遠好胃口！（Toujours bon appétit！）

引言

在烹調的過程中，太常想不起來羊腿到底應該是用 325°F 或是 350°F（編按：約攝氏 163 度或 177 度）烤，以及要烤多久。或者，你忘了應該要如何地幫蛋糕捲脫模，又或是能夠成功地挽救的荷蘭醬（奶油蛋黃醬）的方法。本書就是要為這些問題提供快速明確的解答。

本書不可能回答所有問題，也不會涉及法式酥皮之類的複雜主題，那可需要冗長的說明和大量的照片。換句話說，這本書並不是要取代一本詳細、全方位的食譜百科如我的《法式料理聖經》（Mastering the Art of French Cooking，編按：臺灣商務出版）上下兩冊或是《我的烹飪之道》（Way to Cook）。相反地，這是一本針對一般家庭烹飪的迷你備忘錄，主要是為那些已經熟悉烹飪術語的人所寫；為那些廚房裡通常配備有瑞士捲蛋糕烤模、食物處理機、像樣的擀麵棍等基本用具的人所寫；也是為那些已經相當熟悉爐臺操作的人所寫。

這本書原本是我的活頁式廚房參考指南，是我多年來在烹飪過程中，從我自己的實驗、補救和錯誤逐漸編纂而成，隨著烹飪經驗的累績不斷地修正而來。現在它已然發展成為一本書，內容按照湯品、蛋類料理、麵包等的大類別來編排，重點在於烹飪技巧。

無論是主菜的蘑菇可麗餅還是甜點的草莓可麗餅，所有可麗餅的製作方法大致相同，因此全都集中在同一章節。舒芙蕾、塔派、肉類和其他菜餚也是如此安排。例如，在燒烤的部分，基本食譜雖然很簡短，卻詳細說明了處理大塊肉品的細節技巧。這一章的基本食譜是烤牛肉，緊接著是更簡短的其他燒烤肉品與變化，例如，羊腿、烤雞、火雞、新鮮火腿甚至烤全魚；烹調方式基本上都相同，只是細節略有不同。舒芙蕾和塔派也是如此；而蔬菜類則根據烹調方法分成兩個便於查閱的圖表。

一旦你掌握了某個技巧,幾乎就不需要再看食譜,可以開始自由發揮了。

如果你看過啟發本書創作的美國公共電視特輯,就會注意到電視上示範的食譜也囊括在本書內,但是方法或是食材卻不見得相同。特輯中有許多食譜是很久以前設計的。像是馬鈴薯泥上用的大蒜醬。在那個時候,特輯中的作法在當時算很好了,但還是很費功。書中所介紹的要簡單的多,即使沒有更好吃,至少是同樣的美味。

詳細而又專業的索引,是這種書籍不可或缺的部分。舉例而言,當你有疑問想要知道關於「融化巧克力」這個主題,或是「美乃滋解難」、「嫩煎魚排」、煎鍋……等時,我自己活頁的筆記助我良多,我希望本書也能為你和我提供許多簡明指導和解決問題所需的基本知識。

茱莉亞・柴爾德
麻塞諸塞州,劍橋

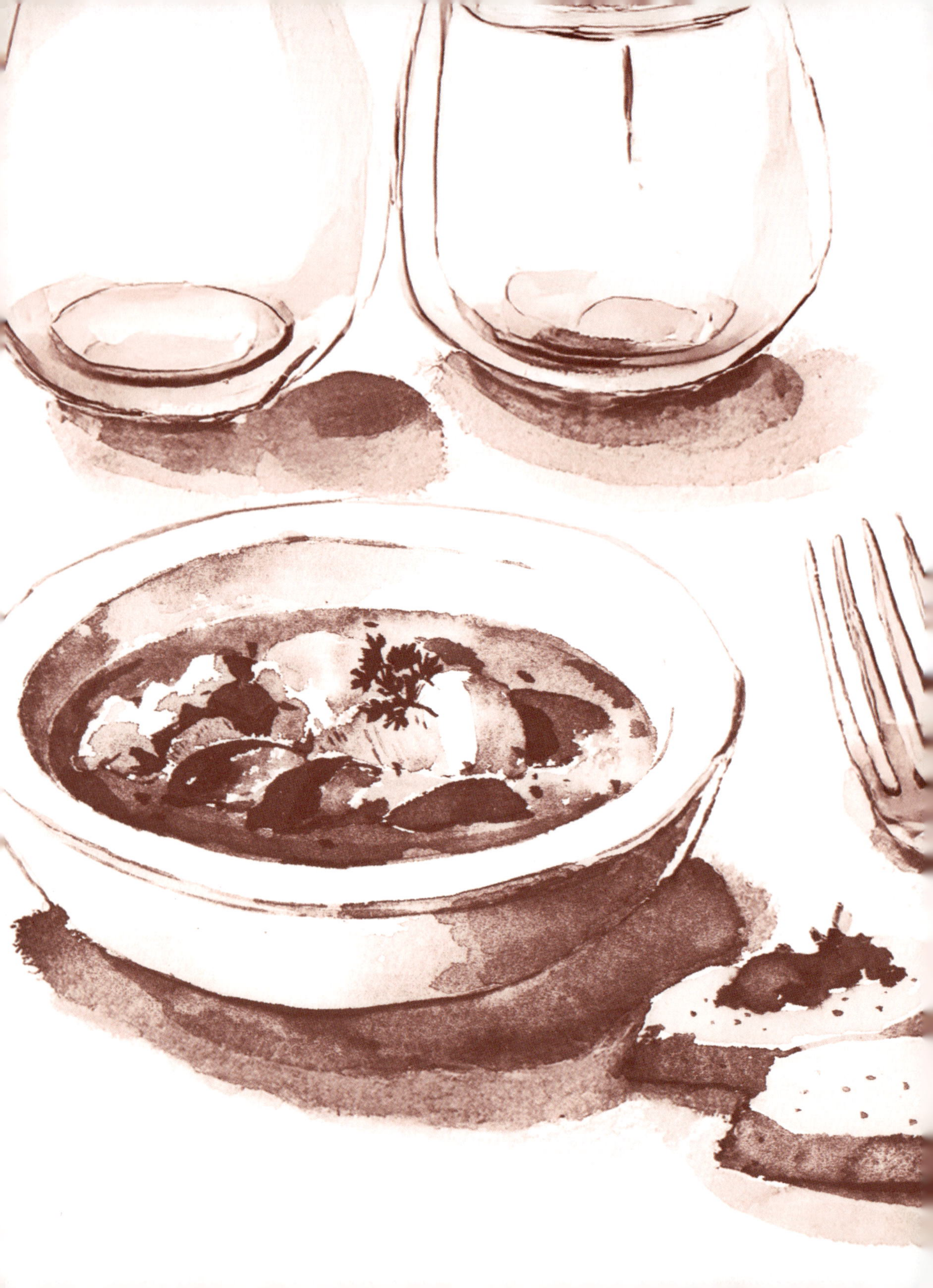

Chapter 1

湯與兩種醬底

Soups and Two Mother Sauces

一旦掌握了技巧，

就幾乎不必要再看食譜了。

親手熬煮的湯讓廚房充斥著誘人的氣味，而且是那樣地豐富、自然又新鮮，足以解決惱人的「先上哪一道菜」的問題。

湯底
Primal Soups

這些是基本湯，最不複雜，通常也是最受喜愛的。

基本食譜

青蒜馬鈴薯湯
Leek and Potato Soup

可煮成約 2 夸特，6 人份。

- 3 杯橫切成片的青蒜（包括蒜白與蒜綠的部分，詳 Tips 01）
- 3 杯去皮、切粗塊適合「烤」的馬鈴薯
- 6 杯水
- 1.5 茶匙鹽
- 半杯酸奶或法式酸奶油（詳 Tips 08），可省略

1. 將所有材料放入一個 3 夸特（約 3 公升）的單柄湯鍋內煮滾。
2. 加蓋但需留隙縫，用小火慢燉 20 至 30 分鐘，直到蔬菜變軟。
3. 調味後可直接上桌，或打成泥（詳見 Tips 02），可以在每碗湯上飾以一大匙鮮奶油。

編按：茱莉亞食譜實為韭蔥（leek），臺灣市場較少買得到，本書代換為較常見的青蒜（蒜苗）。

+ 變化

+ **洋蔥馬鈴薯湯** 以洋蔥取代青蒜，或是兩者皆用。

+ **青蒜馬鈴薯濃湯** 基本食譜的湯煮開後，打成泥（見 Tips 02）然後（以打蛋器）攪拌入半杯動物性鮮奶油（heavy cream）。上桌前重新加熱至小滾。

+ **豆瓣菜湯** 在關火前五分鐘，加入一小把洗過的豆瓣菜葉*。打成泥。再撒上些新鮮的豆瓣菜葉做為裝飾。

+ **冷湯** 如維琪冷湯（vichyssoise）。將前述任何湯品打成泥，拌入半杯鮮奶油，冷藏。上桌前調味，可視口味再拌入冷藏的鮮奶油。每碗湯上可飾以切碎的新鮮細香蔥、巴西里（或新鮮豆瓣菜葉）。

+ **今日例湯** 意味著在湯內加入任何現有的、生或熟的食材，例如白花菜、青花菜、青豆、菠菜等。透過這種作法，你可以發揮創意，製作出獨家的祕密湯方。

Tips 01 │ 如何處理青蒜

將根部切除，保留蒜葉。將葉的尾端切除，只留下長約 6 至 7 吋（約 15-18 公分）的青蒜。從根部往上半吋（約 1.3 公分）處開始，保持葉片相連，將每支對半長切，再切成四等分。將葉片分開，用水沖洗蒜葉上的泥沙。青蒜可整根下去煮（見第 79 頁），或是切段。如須切絲，先切成長約 2 英吋（約 5 公分），壓平後再縱切成細絲。

Tips 02 │ 將湯打成泥

可使用手持電動攪拌棒：將攪拌棒直插入湯鍋中央，打開機器、在湯鍋中移動，但是不要將攪拌棒提高至表面。

也可以利用食物處理機：將湯中的固體食材濾出後，加一點湯汁放入食物處理機內處理成泥，視需要可再添加一些湯汁。

可使用蔬菜研磨機：將湯中的固體食材濾出，逐步加入研磨機，視需要可添加湯汁。

編按：豆瓣菜（watercress），亦稱水芹菜、水芥菜、水田芥、或水薯菜等，水生植物，屬十字花科。生長在溪流或池塘邊，有豐富營養，具獨特的辣味。近親還有水芹、芥菜、蘿蔔、山葵等。

高湯
Stock

清雞高湯
Light Chicken Stock

1 將水加入足以覆蓋生的或煮過的雞骨、切下的邊肉、內臟和脖子（但不包括肝臟）煮至沸騰。

2 撇去浮渣，略加點鹽調味。

3 加蓋但需留隙縫，小滾 1 至 1.5 小時，視需要添加水。

4 你也可以加入切碎的洋蔥、胡蘿蔔、芹菜（每 2 夸特的雞骨就配半杯）、一把香料束（見 Tips 56）。

5 濾掉雞骨並去油；若要製作濃郁雞高湯，就收湯汁濃縮味道。（見第 251 頁，去油）

6 待高湯冷卻後，加蓋放入冰箱數天或是冷凍。

編按：多香果（allspice berry），亦稱牙買加胡椒子，名字於 1621 年由英國人創造，他們認為這是一種結合了肉桂、肉荳蔻和丁香味道的香料。具甜美辛辣的強烈氣味。

+ 變化

+ **火雞、小牛肉或豬高湯** 如前述清雞高湯作法。

+ **火腿高湯** 2 夸特的火腿骨和邊肉，加上各 1 杯切碎的洋蔥、胡蘿蔔、芹菜和一把包括 3 片進口月桂葉、1 茶匙百里香、5 顆丁香或是多香果 * 的香料束。製作方式如清雞高湯，但熬煮時間需約 3 小時。

+ **深色雞、火雞或鴨高湯**

1 將骨頭和邊肉切成半吋（約 1.3 公分）大小，然後在平底鍋內用熱油煎成棕色。

2 每 2 夸特的高湯料就配上各半杯的切碎洋蔥、胡蘿蔔、芹菜莖。待所有食材都呈棕色後，移入高湯鍋中。

3 撇去平底鍋內的油脂，倒入 1 杯不甜的白酒，刮下凝結的棕化汁液，全部加入高湯鍋內，再加入足以覆蓋住材料的雞高湯或水。

4 放入一把香料束（見 Tips 56），略加鹽調味，加蓋但需留點小隙縫。

5 如清雞高湯一樣地熬煮、撇浮渣、過濾然後去油（編按：第 251 頁）。

簡易牛高湯
Simple Beef Stock

1. 將帶肉的生、熟牛骨,如腿骨、頸骨、牛尾、牛膝等都放入烤盤中,每 2 至 3 夸特的牛骨,就配以各半杯略切過的洋蔥、胡蘿蔔、芹菜莖。

2. 輕刷上植物油,然後在預熱至 450°F(約 230°C)的烤箱內烤 30 至 40 分鐘,過程中不斷地以烤出的油脂或植物油輕刷牛骨。

3. 將牛骨和蔬菜取出放入高湯鍋中。

4. 把烤盤內的油脂倒出後,在烤盤內倒入 2 杯水,小滾後刮起烤盤內凝結的肉汁(編按:deglaze,見第 250 頁)。

5. 將烤盤內的汁液倒入高湯鍋,加水直到比所有材料高出 2 吋。

6. 加入更多切碎洋蔥、胡蘿蔔、芹菜莖(每 2 至 3 夸特牛骨,就配以各半杯),1 顆切碎番茄,兩大瓣壓扁帶皮大蒜,1 束香草(見 Tips 56)。

7. 煮至滾,撇去浮渣,繼續如清雞高湯的步驟進行,但是須熬煮 2 至 3 小時。

+ 變化

+ **深色小牛、豬或羊骨高湯** 如前述的牛高湯作法,但是羊骨高湯不要放胡蘿蔔。

魚高湯
Fish Stock

1 清理低脂魚如鱈魚、比目魚、大比目魚和鰈魚（黑色的皮不用）的新鮮魚架（魚骨和去鰓的魚頭），切成塊。

2 在大鍋中用高於魚骨一吋（約 2.5 公分）的水煮到滾。

3 撇去表面浮渣，略加鹽調味，略微加蓋，小滾 30 分鐘。

4 過濾。繼續滾煮以濃縮湯汁。

5 冷卻後加蓋，置於冰箱一日或冷凍。

Tips 03 ｜使用罐頭高湯或高湯塊

要掩飾你使用罐頭高湯，用一小把切碎的胡蘿蔔、洋蔥和西洋芹，或許再加上一些不甜的白酒或不甜的法國苦艾酒，滾煮約 15 至 20 分鐘。

注意：不管是新鮮的還是罐裝的，我交錯使用湯（broth）和高湯塊（bouillon）這兩個名詞；而高湯（stock）則專指自製的高湯。

Tips 04 ｜烹飪時酒的使用

紅酒要選用年分少、飽滿的紅酒，如金粉黛（Zinfandel）或是奇揚帝（Chianti）。**白酒**則應該是不甜並且飽滿，如蘇維翁（sauvignon），但是許多白酒都太酸，我比較喜歡用不甜的**法國苦艾酒**（vermonth），取其濃郁與品質，它還很耐放。**波特酒、馬德拉和雪莉酒**都必須是不甜的。如果你不想要用酒的話，直接省略不用，或是加入高湯或是更多的香草。

高湯或是罐頭湯製作的湯

Soups Made From Stock or Canned Broth

基本食譜

蔬菜雞湯

Chicken Soup with Vegetables

大約煮成 2.5 夸特（2.4 公升），6 至 8 人份。

- 8 杯清雞高湯（見第 20 頁）或罐裝雞湯
- 1 片進口月桂葉
- 半杯不甜白酒或不甜法國苦艾酒
- 各 1 杯切絲或切丁的洋蔥、西洋芹、蒜白和胡蘿蔔
- 2 片去骨、去皮雞胸肉
- 鹽與胡椒

1. 將月桂葉、酒和蔬菜放入高湯煮滾，再滾煮 5 至 6 分鐘，或直到蔬菜變軟。
2. 在此同時，將雞胸切成薄片後，再切成 1.5 吋（約 4 公分）長的細絲。
3. 將雞絲對折放入湯內，煮 1、2 分鐘，或直到煮熟。
4. 調味後靜置 15 至 20 分鐘，讓雞肉吸取味道。
5. 和吐司脆片或奶油三角吐司切片一起食用。

+ 變化

+ 蔬菜牛肉湯

1. 在一個大湯鍋中，用奶油炒各一杯切丁的洋蔥、西洋芹、胡蘿蔔和蒜白約 2 分鐘。
2. 倒入 2 夸特的牛高湯（見第 21 頁）或罐裝高湯。
3. 加入半杯切丁的蕪菁，半杯米粒形狀的義大利麵、快煮的西谷米或白米。
4. 如果有的話，還可以加入任何製作高湯時留下的牛腱肉丁或是牛尾肉，燉煮 10 分鐘。
5. 同時，將 1.5 杯高麗菜絲燙約 1 分鐘，把水濾去、切碎，再和 ¾ 杯去皮、去子、切丁的番茄（見 Tips 21）一同加入湯中。
6. 如果不加肉的話，也可以加 ¾ 杯煮熟或是罐裝的紅豆或白豆。
7. 重新加熱至沸騰，轉小火微滾幾分鐘，調味後即可上桌。

+ 法式洋蔥湯

1. 在一支大湯鍋中，用 3 大匙奶油和 1 大匙油慢炒 2 夸特切細絲的洋蔥約 20 分鐘，直到洋蔥變軟。
2. 再拌入各 0.5 茶匙的鹽和糖，用中火再炒約 15 至 20 分鐘，要經常地攪拌直到呈現金棕色。
3. 在洋蔥上撒上 2 大匙的麵粉，小火慢炒約 2 分鐘。
4. 離火，用攪拌器（打蛋器）打入 2 杯熱牛骨高湯或是罐裝牛高湯，以及 ¼ 杯干邑或是白蘭地。
5. 攪拌均勻後，再攪拌入 2 夸特的高湯和 1 杯不甜的白酒或是不甜的法國苦艾酒。
6. 煮開後蓋上鍋蓋但須留縫隙，小火燉煮 30 分鐘。調味適口後即可上桌。

+ 焗烤洋蔥湯

1. 將烤硬的法國圓麵包（見 Tips 05）鋪在大砂鍋或是個別的小陶盅底，再鋪上一層切成薄片的瑞士乳酪。
2. 將熱洋蔥湯倒入，再放幾片烤圓麵包片在湯上，再鋪上一層磨碎的瑞士或是帕馬森乳酪。
3. 放入 450°F（約 230°C）的烤箱內烤 20 分鐘，或直到乳酪融化，呈棕色。

Tips 05 ｜烤硬的圓法國麵包片

1. 一條 16 吋（約 41 公分）長的法國麵包約可以至做成 18 片。
2. 將麵包切成 ¼ 吋厚的圓片，放入 325°F（約 163°C）的烤箱內烤 25 至 30 分鐘，直到變成淺棕色的脆片。
3. 可以在烤一半的時候在麵包片刷上橄欖油。

地中海魚湯

Mediterranean Fish Soup

可製作約 3 夸特（約 3 公升），8 人份。

1. 用 ¼ 杯的橄欖油炒切片的青蒜、洋蔥各 1 杯，直到幾乎變軟。

2. 拌入 2 大瓣或更多蒜末；3 杯去皮、去籽，切粗塊的番茄（見 Tips 21）；1 大匙番茄糊；如果有的話，加入兩片陳皮；各 0.5 茶匙乾百里香和茴香子。

3. 再以小火炒 5 分鐘後，倒入 2 夸特的魚高湯或是清雞高湯。

4. 如果有的話，拌入一小撮的番紅花。稍微調味，煮至沸騰後，轉小火燉煮 20 分鐘。

5. 在此時製作大蒜紅醬（見 Tips 06）。

6. 將 3 磅（約 6 杯）去皮去骨的白肉魚，如鱈魚、大比目魚、海鱸或是鮟鱇魚切成 2 吋（約 5 公分）大小的魚塊。

7. 上桌前，將魚放入湯中，煮開後、滾約 1 分鐘左右，或直到魚肉呈不透明、且有彈性狀。

8. 將大蒜紅醬抹在烤硬的圓法國麵包片上（見 Tips 05），並放入碗中。

9. 將湯和魚舀入湯碗中，撒上切碎的巴西里和磨碎的帕馬森乳酪，即可上桌。

10. 其餘的大蒜紅醬另外盛盤上桌。

蘇格蘭湯
Scotch Broth

可製作 2 夸特（約 2 公升），6 人份。

1. 將 2 夸特的羊高湯，或是羊高湯加雞湯（見第 20-21 頁），加熱至微滾。
2. 攪拌加入半杯的大麥、扁豆或是快煮熟的白豆（或者是最後再加入罐頭白豆），加入洋蔥丁、蕪菁丁和胡蘿蔔丁各半杯。拌入 1 杯去皮、去子、切丁的番茄（見 Tips 21）。
3. 蓋鍋蓋、留縫隙，煮開後小火燉煮約 15 分鐘，直到蔬菜變軟，調味。
4. 攪入 3 大匙切碎巴西里，即可上桌。

Tips 06 │ 大蒜紅醬 Rouille

可搭配魚湯、白煮馬鈴薯、蛋、白煮魚、義大利麵，供所有大蒜愛好者食用。

1. 在一個厚重的大碗中，將 6 至 8 大瓣去皮蒜泥和 ¼ 茶匙的鹽搗成泥（見 Tips 26）。
2. 再倒入 18 大片新鮮、切碎的羅勒葉，¾ 杯輕壓過的新鮮麵包碎（見 Tips 36）；3 大匙的湯底或牛奶。
3. 當醬料變成均勻的糊狀後，加入 3 個蛋黃搗碎或攪拌。
4. 改用電動攪拌機（見第 248 頁），拌入 ⅓ 杯切丁的罐頭甜紅椒（pimiento），然後像製作美乃滋那樣（見 Tips 17），一滴一滴地加入 ¾ 杯至 1 杯果香味重的橄欖油，做成濃稠的醬料。
5. 最後以鹽、胡椒和塔巴斯科辣醬調味。

Tips 07 │ 大蒜蛋黃醬 Aioli

省略罐頭甜紅椒，就成為著名的大蒜蛋黃醬。

奶油濃湯
Cream Soups

基本食譜

奶油蘑菇濃湯
Cream of Mushroom Soup

約可製作 2 夸特（約 2 公升），6 人份。

- 4 大匙奶油
- 1 杯洋蔥或蒜白丁
- ¼ 杯麵粉
- 1 杯熱清雞高湯（見第 20 頁）
- 6 杯牛奶
- 1 夸特新鮮蘑菇，去蒂、清洗且切丁
- ¼ 茶匙乾龍蒿（tarragon leaves）*
- 半杯或更多的動物性鮮奶油、酸奶或法式酸奶（見 Tips 08），可省略
- 鹽和現磨的白胡椒
- 數滴檸檬汁†，可省略
- 數支新鮮的龍蒿，或數片炒過的新鮮蘑菇傘帽做為裝飾

湯底 soup base

1. 用奶油在厚底、有蓋的湯鍋中慢炒洋蔥或蒜白 7 至 8 分鐘，直到變軟、透明。
2. 拌入麵粉，以小火不斷拌炒 2 至 3 分鐘。
3. 離火，慢慢地攪拌入熱高湯。
4. 用中火將湯煮開，拌入牛奶。

蘑菇

1. 拌入蘑菇和乾龍蒿，煮開後小滾 20 分鐘，要經常攪拌以免黏鍋底。
2. 攪拌入可省略的鮮奶油，略煮滾，調味，視需要加入檸檬汁。
3. 用新鮮的龍蒿枝，或是炒過的蘑菇傘帽片裝飾每一碗湯。

Tips 08 | 法式酸奶 crème fraîche

這是未經巴氏（低溫）殺菌，自然發酵的動物性鮮奶油。可以用 1 大匙的酸奶拌入 1 杯動物性鮮奶油中，讓它在室溫中自然發酵、變得濃郁。或者是攪拌等量的酸奶和動物性鮮奶油，直到變稠。冷藏可以保存一個禮拜。

Tips 09 | 保存奶油濃湯和醬料

要防止加過麵粉的濃湯和醬汁的表面形成一層皮，可以每隔幾分鐘就攪拌一次。或者要保存得更久，就在表面浮上一層牛奶或是高湯。用一個大湯匙裝滿液體，將湯匙平放在湯面上，然後傾斜倒入，然後用湯匙的背面將液體在表面抹開。

---

* 編按：茱莉亞時常使用新鮮或乾燥的龍蒿（tarragon）葉提味，在法國被稱為「四香草」之一。在中文圈俗誤稱為茵陳蒿（中藥）。現在臺灣已可以從網購新鮮或乾燥的龍蒿。較易入手的（部分相似）香料為茴香（fennel）。

† 小提醒：茱莉亞在書中所用的檸檬，是美國的黃檸檬，而非臺灣常見的綠色萊姆。

+ <u>變化</u>

+ **奶油青花菜濃湯**　如前述般準備好湯底。

   1 切下1至2球青花菜上的小朵花（約1.5磅,約680公克）,備用。

   2 將梗去皮切片,然後以約半时高的水煮開（見第63頁,青花菜）後,放入食物處理機,再加入1杯的湯底,打成泥,然後拌入剩餘的湯。

   3 用煮菜梗的水燙熟剩下來的小朵青花菜,冷水殺青以保持顏色,瀝乾後待用；上桌前快速地用1大匙的奶油加熱。

   4 用大火將剩下來的水收到約餘半杯,加入步驟2的湯底中。

   5 食用前,將湯加熱至小滾,加入半杯的動物性鮮奶油或是酸奶,攪拌2至3分鐘。調味後即可上桌,用燙過的青花裝飾每一碗湯。

+ **奶油蘆筍濃湯**　將兩磅去皮的蘆筍燙至將軟的狀態（見第63頁,蘆筍）。

   1 用冷水殺青,並切下每支蘆筍頂端約2英吋（約5公分）的嫩莖。

   2 將每個嫩莖的芽（嫩苞）切下,並切成對半或四等分,留下作裝飾；上菜前須快速地用奶油炒過。

   3 剩下的蘆筍嫩莖,待會兒要打成泥；其餘的蘆筍莖部切碎,和洋蔥一起煮成湯底,然後用蔬菜研磨機打成泥,以去除粗糙的蘆筍纖維。

   4 將保留的蘆筍嫩莖（不是最頂端的嫩苞）打成泥,加入湯底中。

   5 加入約半杯的動物性鮮奶油或是酸奶,小火滾煮、調味,然後再用炒過的蘆筍嫩苞裝飾。

+ **奶油胡蘿蔔濃湯**　修整8根中型的胡蘿蔔,並且去皮。保留一根胡蘿蔔做裝飾。其餘則切為粗丁,然後和洋蔥在湯底中熬煮。將保留的胡蘿蔔刨成長絲,用滾水蒸數分鐘,直到軟嫩。每碗湯用一些溫胡蘿蔔絲做為裝飾。

+ **其他的變化**　其他的蔬菜如菠菜、防風根、西洋芹、青花菜都適用相同的作法,亦可參考右頁米漿的作法。

無脂米漿濃湯
Fat-Free Cream Soups With Pureed Rice

你可以用以下的方式來製作任何前述的奶油濃湯：與其使用奶油與麵粉糊讓湯呈濃稠狀，你可以在湯底內滾煮米飯直到非常地軟爛。然後再用電動果汁機打成稀糊，就能有美味、濃郁、幾乎是無脂的濃湯了。

基本食譜

大頭菜白米洋蔥泥蘇比斯湯 *
Rutabaga Soup Soubise — with Rice and Onion Puree

完成約 2 又 ¼ 夸特（約 2.25 公升），8 人份。

- ¾ 根切薄片的西洋芹莖
- 1.5 杯洋蔥片
- 2 杯清雞高湯（見第 22 頁）
- ⅓ 杯生白米
- 4 杯液體：清雞高湯和牛奶
- 1.5 夸特（2.5 磅，約 1.1 公斤）去皮、粗切的大頭菜
- 鹽和現磨的白胡椒
- 酸奶或法式酸奶（見 Tips 08），和切碎的巴西里，可省略

編按：Soubise 是一種法式洋蔥醬汁或以洋蔥為主的烹調方式，通常含有白飯和洋蔥泥。rutabaga 是蕪菁甘藍，本書採用的替代食材為大頭菜。

米和洋蔥湯底

1. 將西洋芹和洋蔥放入 2 杯清雞高湯中，小火燉煮，直到非常地柔軟、透明，至少約需 15 分鐘。
2. 攪拌入生白米和 4 杯液體。

大頭菜與湯品完成步驟

1. 攪拌入大頭菜，煮至微滾，略微調味，加蓋留縫隙，小火燉煮 30 分鐘，或直到大頭菜和米變得非常軟。
2. 分批放入電動果汁機內打成泥。
3. 重新加熱，調味。
4. 視喜好在每份湯上放上一匙酸奶或是法式酸奶，再撒上切碎的巴西里。

+ <u>變化</u>

+ **黃瓜濃湯** 約完成 2 ¼ 夸特（2.25 公升），6 至 8 人份。

　1 將 4 條大的小黃瓜去皮，留半條做為裝飾，將其餘的直切，並且用湯匙將籽挖除。

　2 將對半切開的部分粗切，加入各 2 茶匙的葡萄酒醋和鹽；

　3 在初步小火燉煮西洋芹和洋蔥（湯底）的時候，將漬小黃瓜置於一旁備用。

　4 接著將漬小黃瓜和其汁液，加入前述第 31 頁的**米和洋蔥湯底**，並依步驟逐步完成湯品。

　5 上桌前，用一匙鮮奶油、小黃瓜片，新鮮的蒔蘿做為裝飾。

+ **蔬菜雞肉濃湯** 將米和洋蔥湯底和第 23 頁的**蔬菜雞湯**合而為一，但只用雞湯食譜中的 4 杯量即可。

巧達湯
Chowders

傳統的巧達湯都是以洋蔥和馬鈴薯為基底，製成滋味濃郁的湯底，光是這兩者就足以成就美味的湯品。在這香氣四溢的基礎上，再添加上魚塊、貝類，或是玉米，或是任何覺得適當的食材。（注意：你可以省略豬肉，改以多 1 大匙奶油來炒洋蔥。）

巧達湯底
The Chowder Soup Base

製作約 2 夸特（約 2 公升）湯底，最後可做成約 2.5 公升的巧達湯，6 至 8 人份。

- 4 盎司（⅔ 杯，約 113 公克）切丁、汆燙過的火腿或培根（見 Tips 58）
- 1 大匙奶油
- 3 杯（1 磅，約 450 克）切片的洋蔥
- 1 片進口月桂葉
- ¾ 杯壓碎的蘇打餅乾，或是 1 杯緊壓的新鮮麵包碎（見 Tips 36）
- 6 杯液體（可使用牛奶、清雞高湯〔第 20 頁〕、魚高湯〔第 22 頁〕、蛤蠣汁，或將以上幾種混合使用）
- 3.5 杯（1 磅，約 450 公克）去皮、切片或是切丁的白煮馬鈴薯
- 鹽和現磨的白胡椒

1. 在一個大湯鍋內，以奶油小火慢炒火腿或是培根約 5 分鐘，或是直到肉開始上色。
2. 攪拌入洋蔥和肉桂葉，加蓋、小火慢煮 8 至 10 分鐘，直到洋蔥變軟。
3. 將油脂濾除，然後拌入蘇打餅乾或是麵包碎。
4. 倒入液體，加入馬鈴薯煮滾，加蓋留縫小火燉煮約 20 分鐘，直到馬鈴薯變軟。
5. 用鹽和白胡椒調味後，湯底就完成了。

+ 巧達的建議

+ **新英格蘭蛤蠣巧達湯** 約 2.5 夸特，6 至 8 人份。

  1 刷洗、浸泡 24 顆中型的帶殼蛤蠣（見 Tips 10）。

  2 在一個大型、鍋蓋緊閉的湯鍋中，用一杯水蒸 3 至 4 分鐘，直到大多數蛤蠣的殼打開。

  3 將打開的蛤蠣肉取出，加蓋，其餘的蛤蠣繼續蒸 1 分鐘左右。把沒有開的蛤蠣扔掉。

  4 取肉之後，小心地將蒸蛤蠣的湯汁倒出，沙要留在鍋內，倒出的湯汁是巧達湯底的一部分。

  5 用食物處理機或刀子將蛤蠣肉切碎，拌入完成的巧達湯底中。

  6 上桌前，加熱至幾乎沸騰，這樣子蛤蠣才不會被煮得太老。

  7 喜歡的話，可拌入一點動物性鮮奶油或是酸奶，太濃的話可加牛奶稀釋，調味後即可上桌。

+ **魚肉巧達湯** 用魚高湯（見第 22 頁），以及／或清雞高湯（見第 20 頁）還有牛奶，製作巧達湯底。將 2 至 2.5 磅去皮、無骨的低脂魚，如鱈魚、黑斑鱈、大比目魚、鮟鱇魚或海鱸，一種或多種皆可，切成 5 公分的大小。加入完成的巧達湯底內，滾煮 2 至 3 分鐘，直到魚變得不透明而且有彈性。調味，視口味在每碗中添加一匙的酸奶。

+ **雞肉巧達湯** 將魚用無骨、去皮的雞胸肉取代，用清雞高湯和牛奶製作湯底。

+ **玉米巧達湯** 用 6 杯清雞高湯和牛奶製作巧達湯底。在完成的湯底內，至少拌入 3 杯的新鮮玉米粒，視口味可以加入 2 個切細丁，並且用奶油炒過的青椒和紅椒。滾後再煮 2 至 3 分鐘，調味，視口味在每碗添加一匙酸奶。

Tips 10 | 如何處理蛤蠣

在流動的水中一一刷洗蛤蠣，任何裂痕、受損或是未緊閉的蛤蠣都要丟掉。鹽水（每 4 夸特的水加 ⅓ 杯的鹽）浸泡 30 分鐘。取出，如果盆子裡的沙不少的話，就重複浸泡過程。用一塊濕毛巾蓋住，冷藏。在一、兩天之內使用完畢。

兩種醬底
Two of the Mother Sauces

正統法式烹飪將醬汁分為褐醬、白醬（貝夏美醬）、紅醬（番茄醬）、荷蘭醬（奶油蛋黃醬）、美乃滋（油與蛋黃醬）、油醋醬還有調味奶油（如白奶油醬，beurre blanc）。我們在肉類章節中介紹褐醬和調味奶油，蔬菜章節中介紹番茄紅醬，美乃滋和油醋醬則放在沙拉的章節，這裡介紹白醬和荷蘭醬（奶油蛋黃醬）。

基本食譜

白醬
Béchamel Sauce

可製作 2 杯，中度濃稠。

- 2 大匙無鹽奶油
- 3 大匙麵粉
- 2 杯熱牛奶
- 鹽和現磨的白胡椒
- 一小撮肉豆蔻

+ 變化

+ 絲絨濃醬 依照白醬的製作方式，但是代以熱雞高湯或魚高湯、肉汁或是蔬菜湯，有必要的話可加牛奶。

1. 在厚底鍋中融化奶油，用木匙加入麵粉攪拌均勻，以中火烹煮並持續攪拌，讓奶油和麵粉一起冒泡 2 分鐘，但不要讓顏色變得比奶油黃更深。
2. 離火，待停止起泡後，以打蛋器快速地攪拌入所有的熱牛奶。
3. 煮沸，不斷地攪拌。
4. 小火慢滾、攪拌兩分鐘。調味。

Chapter 1 湯與兩種醬底   35

基本食譜

荷蘭醬（奶油蛋黃醬）

Hollandaise Sauce

可製作 1.5 杯

- 3 個蛋黃
- 1 大撮鹽
- 1 大匙檸檬汁
- 2 大匙無鹽奶油，要冷藏的
- 2 條（8 盎司）無鹽奶油，融化而且要熱的
- 適量鹽和現磨白胡椒以調味

1. 在不鏽鋼醬鍋中用線狀打蛋器攪打蛋黃約 1-2 分鐘，直到蛋黃稍微變稠並呈現檸檬色。

2. 打入一大撮的鹽、檸檬汁還有一大匙的冷奶油，用打蛋器攪拌均勻。

3. 用中小火加熱，並且不斷地用中速攪拌，不時將鍋子離火，以確保蛋黃不會熟得太快。

4. 當蛋黃開始黏在打蛋器上，攪拌時可以看見鍋底時，離火，然後拌入第二大匙的冷奶油，並持續攪拌。

5. 開始一滴一滴地打入融化的奶油，直到相當於半杯的醬汁變稠時，可以稍微加快加入奶油的速度，持續攪拌直到醬汁完全變成濃醬。

6. 試吃並調味。

+ 變化

+ **貝亞恩蛋黃醬** béarnaise sauce
  製作約 1 杯。
  1. 在一支小湯鍋中,將 ¼ 杯的葡萄酒醋和 ¼ 杯不甜的白酒或是不甜的法國苦艾酒煮開。
  2. 然後加入 1 大匙切碎的紅蔥頭,半茶匙的乾龍蒿,各 ¼ 茶匙的鹽和現磨胡椒。
  3. 快速煮開後收汁至 2 大匙,過濾,可擠壓調味材料以取得更多汁液。
  4. 用濃縮汁取代前述基本食譜中的檸檬汁,但是全部只要加入 1.5 條的奶油。
  5. 可以在完成的醬汁中加入切碎的新鮮龍蒿葉,攪拌均勻。

Tips 11 │ 修復分解的荷蘭醬

如果奶油加得太快讓蛋黃無法吸收,或加熱時間過長,都會導致醬汁變稀或分離,要重回濃稠的狀態,必須先快速攪拌使其混合,然後:
1. 取一大匙放入一只攪拌碗中,
2. 快速地攪入一湯匙檸檬汁,用力攪拌直到呈現乳狀(變稠),
3. 開始慢慢加入解離的醬汁,每次只加入一點點,
4. 確保前一次加入的醬汁完全乳化,重新開始結合後,才能繼續加入更多醬。
5. 重複步驟 3、4 直到完全恢復乳狀。

Tips 12 │ 機器製作荷蘭醬

順手之後,手工製作奶油蛋黃醬其實很簡單,而且相當地迅速,但是你可能比較喜歡用電動果汁機。採取相同的方式製作,但是很難、而且幾乎從來就不可能把那麼濃稠的醬完全自果汁機中取出!然後,還得重新加熱。如果要用機器的話,我比較喜歡用食物處理機,我也建議用食物處理機製作美乃滋。

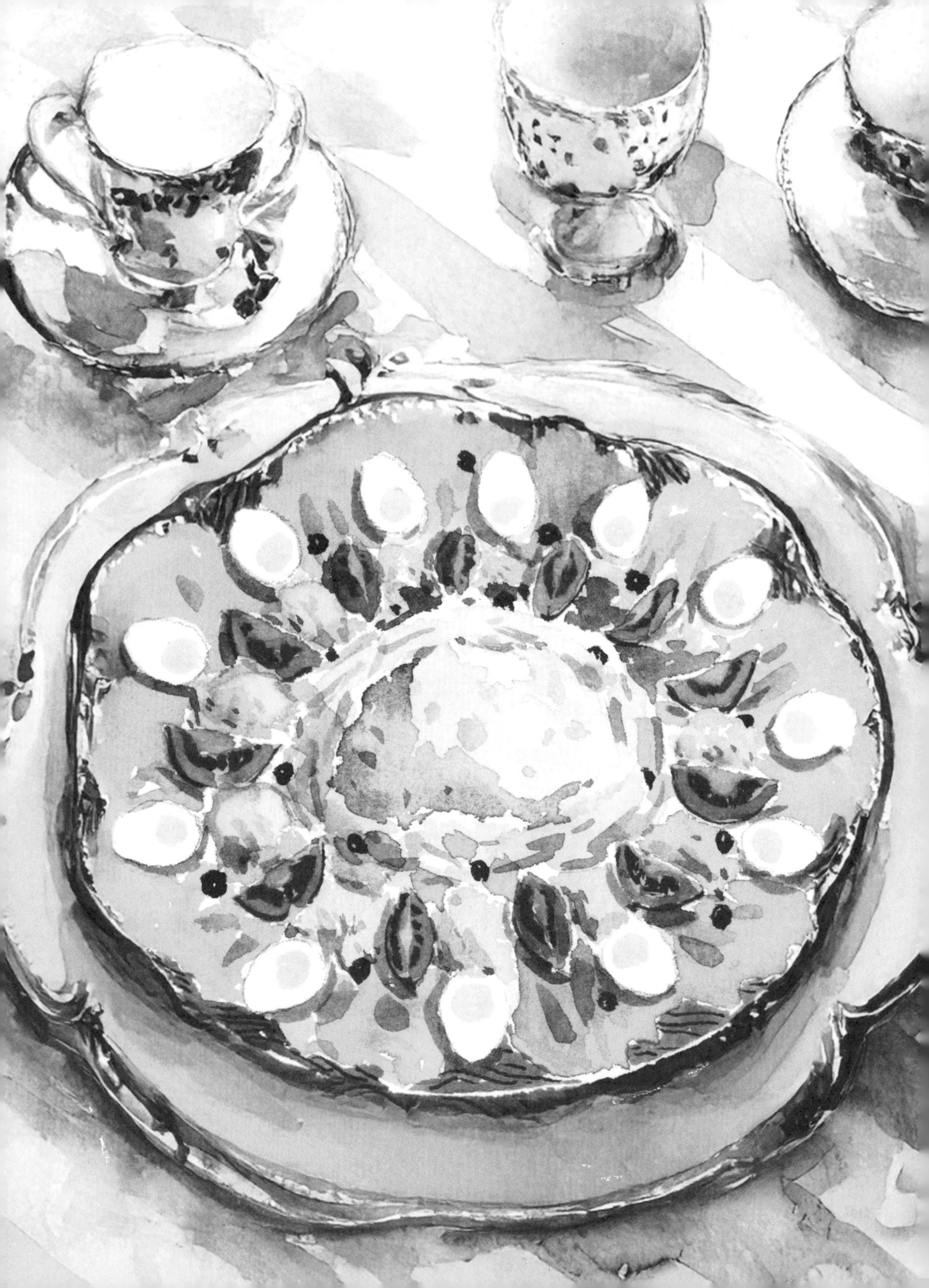

Chapter 2

沙拉與沙拉醬

Salads and Their Dressings

> 完美的油醋醬的作法
> 簡單到我看不出
> 有任何使用瓶裝醬的理由。

　　雖然總是有一些堅持己見的純粹主義者，他們宣稱只吃當地「當季」的新鮮農產品，但現在透過包裝技術、頂尖冷藏技術和快速運輸，幾乎全年都可以享用各式各樣的新鮮農產品。雖然還沒有解決番茄的問題，但綠色蔬菜種類豐富多樣，還有許多讓人垂涎欲滴的食材，都已準備好要為我們的沙拉饗宴增添美味。

沙拉蔬菜
Salad Greens

　　一旦將沙拉蔬菜帶回家，自然要盡可能地維持生菜的新鮮蓬勃。如果是已經挑揀、清理並包裝好的話，原封不動可以保存好幾天。我對於水耕栽培的「活」萵苣尤其感興趣，連著根部放在塑膠盒中，可以完美地在冰箱裡保存一個禮拜的時間，或更久。我甚至不洗萵苣，只要在摘葉子的時候小心地不去碰到根部就好。

略微凋萎的蔬菜　如果你的青蔬出現這種情況，將它們浸泡在一盆冷水中數小時，通常就可以恢復相當程度的清脆。

清洗蔬菜　波士頓生菜、奶油萵苣、綯葉苦苣、蘿蔓、綠捲鬚萵苣、闊葉苦苣和義大利紫菊苣等，將枯萎的葉子丟棄，並且將葉上枯萎的部分剝除，然後將葉子剝成入口的大小。將青蔬放入一大盆冷水中，上下地壓、放，靜置一會兒讓沙子沉入盆底，然後用雙手將葉子取出，留下沙子。

去除表面水分　用旋轉沙拉籃脫水，分成小批進行。

保存洗過的蔬菜　如果需要等待數小時才食用，而家中冰箱有足夠空間的話，最有效的保存方法是讓蔬菜有空間的部分（凹面）朝下，放在一個鋪好紙巾的深烤盤內，再用濕布蓋好、冷藏。或者，就鬆鬆地用紙巾包起，然後放在一個大塑膠袋內，冷藏能夠維持2天左右。

綜合青蔬沙拉
Mixed Green Salad

一磅左右、單純一種如一大顆波士頓萵苣,或混合多種青蔬沙拉,6人份。

1. 青蔬都已洗清、脫水,用手撕成你喜歡的大小,小塊容易入口,不過大片青蔬在擺盤上較為美觀。

2. 準備好沙拉醬。

3. 預備一個大沙拉碗、長柄的沙拉匙和叉子各一。

4. 在上桌前(絕對不可提前,否則沙拉會枯萎),將青蔬放入碗中。

5. 淋上數匙的沙拉醬,然後用叉子和木匙從底下、大把地快速翻動,視需要一點一點地加入沙拉醬,薄薄地覆蓋住所有的青蔬,但是絕不是浸泡於其中。

6. 試吃後,視需要撒點鹽和胡椒,或是更多的檸檬或醋。

7. 立刻上桌。

沙拉醬
Salad Dressings

完美沙拉的關鍵就在於完美的沙拉醬，我完全看不出使用現成沙拉醬的理由，那些罐裝醬可能已經放在架子上好幾個禮拜，好幾個月，甚至經年了。使用自製的沙拉醬，所有材料都是新鮮的──最好的油、你精心挑選的醋、新鮮的檸檬，而且真正好的沙拉醬做起來快速又簡單，作法如下。

Tips 13 │ 油與醋

選擇全然在你，主要的考量就是味道。你有時候可能想要果香味重而非清淡的**橄欖油**，或者針對某些菜色，你喜歡用花生油或是植物油──只要先確定新鮮就好。**醋**也是一樣，在買葡萄酒醋之前要確定你知道它的味道，因為品質差異很大。我個人總是使用法國奧里昂的醋，因為習慣它的味道了，但是我也嘗過不少絕佳的美國國內生產的醋。當你吃到美味的沙拉醬時，記得要請教女主人是怎麼做的，她們會覺得備受讚美，而你的廚房檔案又多了一頁美味食譜。

Tips 14 │ 保存沙拉醬

油醋醬剛完成就上桌是最新鮮、風味最佳的時候，但是當然可以將它密封、冷藏幾天。不過，紅蔥頭和新鮮的檸檬終將會走味，破壞整個醬汁的味道。

基本油醋醬

Basic Vinaigrette Dressing

這是最基本、簡單又多用途的油醋醬，可以隨性變化，在後面附有一些建議。其美味完全仰賴食材的品質。要特別注意，你經常會看到 1 比 3 的醋油比例，但是這樣子會做出很酸、醋味過重的油醋醬。我用的是不甜的馬丁尼的比例，因為你永遠可以加入更多的醋或檸檬，但是卻不能事後取出。

約 ⅔ 杯，6 至 8 人份。

- ½ 大匙切碎的紅蔥頭或是蔥
- ½ 大匙第戎式芥末
- ¼ 茶匙鹽
- ½ 大匙現榨檸檬汁
- ½ 大匙酒醋
- ⅓ 至 ½ 杯優質橄欖油，或是其他新鮮的好油
- 現磨的胡椒

1. 可以將所有的材料都放入蓋緊的罐子裡搖勻，或是按照以下步驟分別混合在一起。
2. 先將紅蔥頭或蔥和芥末與鹽攪拌在一起。
3. 以打蛋器打入檸檬汁和醋，攪拌均勻後再一滴滴地加入油並快速地攪拌，直到形成非常滑順的乳狀。
4. 打入現磨的胡椒。
5. 試吃（將一小片生菜沾入醬料中），用鹽、胡椒和幾滴檸檬汁調整味道。

Chapter 2 沙拉與沙拉醬

+ 變化

+ **大蒜**　將大蒜打成泥（見 Tips 26）加入油醋醬中，或是用來取代紅蔥頭末。或是用一瓣去皮的大蒜塗抹沙拉碗。或是用一瓣去皮的大蒜塗抹烤圓法國麵包片（見 Tips 05），切成小塊後和青蔬拌在一起。

+ **檸檬皮**　想要顯著的檸檬風味，就選一顆閃亮新鮮的檸檬，將皮磨碎（只用有顏色的部分），然後拌入醬中。

+ **香草**　將新鮮的巴西里、細蔥、山蘿蔔、龍蒿、蘿勒還有蒔蘿等切碎，然後以打蛋器打入完成的醬汁中。

+ **酸甜油醋醬**　特別適合搭配鴨、鵝、豬肉還有野味。在油醋醬中打入 1 大匙的海鮮醬或是切碎的印度甜酸醬（chutney），也可以隨喜好加入一滴滴的黑芝麻油。

+ **羊乳酪油醋醬**　將約 ⅓ 杯的羊乳酪（Roquefort）弄碎，然後拌入 ⅔ 杯的油醋醬中，或者任何你喜歡的比例皆可。我很喜歡的一道沙拉是在聖塔芭芭拉的賽微亞咖啡屋吃的，半顆或是 ¼ 顆的蘿蔓，切面朝上放在盤中，上面淋上羊乳酪油醋醬。

含羞草沙拉（水煮雞蛋碎沙拉）

Salad Mimosa

6 人份

　　仔細地將兩顆白煮蛋切成丁，和 2 大匙如巴西里、細蔥、蘿勒或是龍蒿之類的切碎香草拌在一起。略用鹽和胡椒調味，上桌前撒在沙拉上即可。

捲葉苦苣沙拉佐培根和水波蛋
Curly Endive with Bacon and Poached Eggs

6 人份

1. 煮 6 顆水波蛋（見第 152 頁）。
2. 將 2 吋（約 5 公分）見方的培根塊切成 ¼ 吋厚、1 吋長的小條，汆燙（見 Tips 58），煎成淡棕色，在煎鍋中留下半大匙的油，其餘倒出。
3. 直接在煎鍋中製作油醋醬，讓培根的油成為醬的一部分。
4. 將捲葉苦苣和油醋醬拌在一起
5. 每碗沙拉上再飾以煎過的培根和水波蛋。
6. 最後再撒上切碎的巴西里。

溫鴨腿沙拉
Warm Duck Leg Salad

當你把鴨胸用掉，還有多的生鴨腿可用時，尤其建議做這道沙拉。

1. 去骨、去皮，然後將肉放在兩層保鮮膜內敲打成 ¼ 吋的厚度，然後切成 ¼ 吋寬的長條。
2. 用一點橄欖油快速地翻炒至略成棕色，但是內部仍呈現玫瑰紅的狀態。
3. 和酸甜油醋醬拌在一起，放在捲縐葉的沙拉生菜上盛盤。

主菜沙拉
Main Course Salads

基本食譜

尼斯沙拉

Salade Niçoise

　　所有的主菜沙拉中,我最喜歡尼斯沙拉,有新鮮的奶油萵苣做底,仔細煮過但仍舊鮮綠的四季豆,還有對半切的白煮蛋、熟番茄、黑橄欖的鮮豔對比,再佐以鮪魚塊和剛開的罐頭鯷魚(見 Tips 15)。對我而言,這是春夏秋冬四季完美的輕食午餐,一道能取悅每個人的組合。

6 人份

- 1 大顆波士頓生菜葉，洗好、脫水
- 1 磅四季豆（約 450 公克）煮好、殺青（見第 63 頁表格）
- 1.5 大匙碎紅蔥頭
- ½ 至 ⅔ 杯的基本油醋醬（見第 43 頁）
- 鹽
- 現磨的胡椒
- 3 或 4 顆成熟的番茄，切瓣（或 10 到 12 顆小番茄，切半）

- 3 或 4 顆的馬鈴薯，去皮、切片、煮熟（見第 50 頁馬鈴薯沙拉）
- 2 罐 3 盎司的鮪魚塊罐頭，最好是油浸包裝
- 6 顆白煮蛋，去殼、切半（見第 157 頁）
- 1 盒剛打開的鯷魚罐頭（見 Tips 15）
- ⅓ 杯小顆的尼斯式黑橄欖
- 2 到 3 大匙的酸豆
- 3 大匙切細碎的新鮮巴西里

1 將生菜葉排放在大盤上或是淺碗內。

2 上桌前，將四季豆、紅蔥頭、數匙的油醋醬以及鹽和胡椒拌在一起。

3 將番茄刷上油醋醬。

4 將馬鈴薯放在盤子的中央，將四季豆堆在兩側，然後再交錯排放番茄和鮪魚塊。

5 切半的白煮蛋蛋黃朝上，繞盤邊排放，其上再放一尾捲曲的鯷魚。

6 所有食材皆用湯匙淋上油醋醬。

7 撒上黑橄欖、酸豆、巴西里，就可上桌了。

Tips 15 ｜現開的鯷魚罐頭
鯷魚罐頭開後沒有馬上使用，是會走味的，這可能是許多人討厭鯷魚的原因。

Chapter 2 沙拉與沙拉醬　47

+ 變化
━━━

+ **冷烤肉沙拉** 將1磅（約454公克）冷卻的烤肉或是燴牛肉、羊肉或是豬肉，切成薄片、肉塊或是長條，然後與足夠覆蓋肉的油醋醬一起放在碗內，置入冰箱冷卻幾小時，不時地翻動並且用醬汁刷一下肉。上桌前，漂亮地排放在盤上，用醃黃瓜、酸豆、橄欖、番茄、切片的紅洋蔥和青椒、煮過的四季豆或是任何其他你喜歡的蔬菜擺在周圍。

+ **雉雞、鴨、雞或火雞胸沙拉** 將煮好的禽類胸肉切成片，用油醋醬醃30分鐘左右。然後，每一份沙拉，先放一些柔軟縐葉的生菜，然後再放上幾片胸肉。用油醋醬刷過，並且用小塊的柳橙、紅洋蔥薄片，以及1匙烤過的松子做裝飾。

+ **敘利亞羊肉沙拉** 將十來片切成薄片的烤羊腿肉，和新鮮、打成泥的罐頭鯷魚，以及蒜味的油醋醬醃幾個小時。再將3杯左右煮好的碎小麥（見Tips 16）放在盤中央，周圍用薄羊肉片環繞。隨意使用橄欖、白煮蛋、番茄瓣、甜椒絲、醃黃瓜做裝飾（見第55頁）。

Tips 16 ｜ 如何煮碎小麥

將1夸特煮沸開水倒入1杯生的乾燥碎小麥中。浸泡15分鐘，或是直到碎小麥變軟。濾去水分，用冷水沖洗，然後用毛巾擠壓乾。倒入各1大匙的橄欖油、切碎的洋蔥和巴西里。用鹽、胡椒和檸檬汁調味。

基本食譜

雞肉沙拉
Chicken Salad

6 至 8 人份

- 6 杯煮熟的雞肉，切成適當大小塊狀
- 鹽和現磨的白胡椒
- 1 至 2 大匙的橄欖油
- 2 至 3 大匙的新鮮檸檬汁
- 1 杯切丁的嫩芹菜梗
- 半杯切丁的紅洋蔥
- 1 杯切碎的核桃
- 半杯切碎的巴西里
- 1 茶匙切即碎的新鮮龍蒿葉（或是 ¼ 茶匙乾龍蒿）
- 約 ⅔ 杯的美乃滋（見 Tips 17）
- 新鮮的生菜，清洗、脫水
- 裝飾：切片或切碎的白煮蛋、巴西里枝、切絲的紅辣椒，可全部或是單選一樣。

1. 將雞肉、鹽、胡椒粉、橄欖油、檸檬汁、西洋芹、洋蔥和胡桃都拌在一起。加蓋並且放在冰箱內冷藏至少 20 分鐘或隔夜。
2. 濾除多餘的液體，拌入巴西里和龍蒿。
3. 試吃，並且調味。
4. 拌入足以包覆食材的美乃滋。
5. 將生菜撕碎，排放在盤上然後將步驟 4 堆放在上面。
6. 在雞肉上面抹上一層薄薄的美乃滋。
7. 最後用蛋、巴西里還有辣椒絲裝飾。

+ 變化

+ **火雞沙拉** 作法同雞肉沙拉。

+ **龍蝦、螃蟹、鮮蝦沙拉** 依相同的作法，留一些殼做為裝飾。

義大利麵沙拉
Pasta Salad

在我們拍攝電視節目的過程中，曾經有一家外燴公司提供一道還可以的義大利麵沙拉，但是卻日復一日不斷地重複出現，最後大家受不了，就換了一家外燴公司。從此之後，我對這道菜就沒什麼興趣了，不過我承認，只要發揮創意，其實這是一道不錯的菜色。我甚至在電視兒童節目《羅傑先生的左鄰右舍》中示範過一道兒童版本。

用一般長形義大利麵條，煮好、濾乾後，和橄欖油、鹽和胡椒、切丁青椒和紅甜椒、蔥、黑橄欖還有核桃仁拌在一起，稱為「馬可波羅義大利麵」，我們用筷子吃。

美式馬鈴薯沙拉
American-Style Potato Salad

馬鈴薯部分

1. 將 3 磅（約 1.4 公斤）馬鈴薯*對半切，然後再切成約半公分厚的薄片。
2. 在加過少許鹽的水中滾煮 3 至 5 分鐘，或至馬鈴薯剛好變軟。
3. 將水濾除，蓋上鍋蓋，靜置 3 至 4 分鐘，讓馬鈴薯變得結實。
4. 在大攪拌碗中，輕柔地將馬鈴薯片和鹽、胡椒、半杯的碎洋蔥，¾ 杯的雞高湯拌在一起。
5. 靜置幾分鐘後，再輕輕翻拌；如此重複兩次。

完成

1. 拌入切細碎的酸黃瓜，3 或 4 個切碎的白煮蛋，3 或 4 根切成細丁的嫩芹菜梗，4 或 5 條壓碎的酥脆培根。
2. 讓沙拉冷卻，然後拌入適量美乃滋，剛好能裹住馬鈴薯即可。
3. 調味，隨意用白煮蛋和巴西里裝飾。

編按：茱莉亞建議選「適合煮食」的馬鈴薯品種。

+ 變化

+ **法式馬鈴薯沙拉** 馬鈴薯部分的作法同前,在馬鈴薯還溫熱的時候,拌入橄欖油與切碎巴西里,調味。放涼。

+ **溫馬鈴薯沙拉佐香腸** 準備好法式馬鈴薯沙拉,然後上桌時,搭配切成厚片的美味溫香腸食用。

Tips 17 | 以食物處理機做美乃滋

1. 將一顆蛋打入食物處理機的碗內,加入 2 個蛋黃,開機攪拌 30 至 45 秒,或者直到蛋液變稠並且呈檸檬色。
2. 機器仍在攪拌時,加入 1 大匙的新鮮檸檬汁或葡萄酒醋,1 茶匙的第戎芥末醬,半茶匙的鹽,和些許的現磨白胡椒。
3. 接著,一滴滴地慢慢加入橄欖油或植物油,直至 2 杯。在加了約半杯之後,就可以加速油的加入,直到做出濃稠的美乃滋。
4. 仔細品嘗,視需要加入檸檬汁或醋,還有調味。

儲存 放入加蓋容器,進冰箱冷藏,可以保存大約一週。要注意的是,冷藏的美乃滋可能會在攪拌時分離或是變稀,最好是一匙一匙地放入溫熱的調理碗中,每加一匙就快速地攪拌。

解難 如果美乃滋分解或是變稀的話:

1. 靜置數分鐘,直到油浮到凝結的殘餘物表面,以湯匙將容易舀起的油,盡可能多地舀入另一只碗中。
2. 取一大匙的剩餘物放入一個乾淨的碗中。
3. 加入 0.5 大匙的第戎芥末醬,用手打或是手持式電動攪拌器,用力攪拌直到呈奶油狀且變稠。
4. 接著開始每次加入半茶匙的殘餘物,每加一次都要攪拌至乳化且濃稠。
5. 最後,慢慢一滴滴地加入舀出的油。

注意:可以用電動果汁機,以相同的技巧完成。

高麗菜和其他的蔬菜沙拉
Cole Slawand Other Vegetable Salads

基本食譜

涼拌高麗菜沙拉
Cole Slaw

6 至 8 人份

- 1.5 磅（約 680 公克）結實、新鮮的高麗菜，切成細絲（見 Tips 18）
- 0.5 杯碎胡蘿蔔
- ⅔ 杯嫩芹菜梗切丁
- 1 條中型黃瓜，
  去皮，縱向對切，去籽切丁
- 0.5 杯切成細丁的青椒
- ¼ 杯切成細丁的黃洋蔥
- 1 小顆酸蘋果，
  去皮、去核並且切成細丁
- ¼ 杯切碎的新鮮巴西里（荷蘭芹）

沙拉醬
- 1 大匙第戎芥末醬
- 3 大匙蘋果醋
- 1 茶匙鹽
- 1 茶匙糖
- ¼ 茶匙葛縷子或是小茴香子
- ¼ 茶匙芹菜子
- 現磨胡椒
- 0.5 杯左右的美乃滋，可省略
- ⅓ 杯酸奶，可省略

1. 在一個大調理碗中，將高麗菜和其他的蔬菜、蘋果和巴西里拌在一起。
2. 將芥末、醋、鹽和糖調在一起，倒入調理碗中和高麗菜拌一起。
3. 加入葛縷子或小茴香子，芹菜子和胡椒。
4. 嚐一嚐，調味。
5. 放置 30 分鐘，或加蓋冷藏。
6. 上桌前，將滲出的汁液倒掉，並且再度調味。
7. 可直接食用，或是將美乃滋和酸奶拌在一起，然後再拌入沙拉中。

Tips 18 ｜機器切的高麗菜

將高麗菜的底部和頂部切除。將高麗菜切半，去除中心的梗。將高麗菜切成能放入食物處理機的楔形塊，刀片選用切片盤，一瓣瓣地處理高麗菜，就能削出切成細絲的高麗菜了。

根芹菜雷莫拉沙拉

Celery Root Rémoulade

動作要迅速以免變色。

1. 將 1 磅（約 450 公克）根芹菜去皮、切塊，用食物處理機或手持式蔬菜刨絲器刨成絲。
2. 立刻和 0.5 茶匙的鹽和 1.5 大匙的檸檬汁拌在一起，醃 30 分鐘。
3. 雷莫拉沙拉醬（芥末蛋黃醬）：
   A. 將 ¼ 杯的第戎芥末醬放入溫調理碗中以打蛋器快速地打。
   B. 然後慢慢地滴入 3 大匙的滾水。
   C. 接著慢慢滴入 ⅓ 杯的橄欖油或是植物油，和 2 大匙的葡萄酒醋，以製作出濃稠、呈奶油狀的醬汁。
4. 拌入醃好的根芹菜，調整調味，然後用切碎的巴西里裝飾。
5. 可以立刻上桌，或是加蓋靜置一小時，也可以冷藏靜置（須時更久），味道和柔嫩度都會變得更佳。

甜菜根絲沙拉

Grated Beet Salad

2 磅（約 900 公克）的甜菜根，6 人份。

1. 甜菜根去皮，然後用食物處理機或是手動刨絲器的大孔刨成絲。
2. 用 2 大匙的橄欖油略炒，然後放入一大瓣的蒜泥，熱透即可，
3. 再拌入鹽、胡椒和 1 大匙的酒醋。
4. 攪拌加入 ¼ 杯的水，加蓋，然後以小火滾 10 分鐘或直到甜菜根變軟，將水收乾。
5. 待涼，再拌入更多的油、醋和調味料。
6. 和生菜或是比利時苦苣一同上桌。

Tips 19 ｜ 用壓力鍋煮甜菜根

整顆甜菜根用烤箱要烤好幾個小時，但是用壓力鍋只要 20 分鐘就好了。在壓力鍋中的架子上放 2 吋的洗過、未去皮的甜菜根，然後加入 1 吋高的水。將壓力調到 15 磅，然後煮 20 分鐘。立刻釋放壓力。趁仍溫熱時去皮。

+ <u>變化</u>

+ **甜菜根片沙拉**　用整顆去皮的溫甜菜根（見 Tips 19），切成片放入碗中，和橄欖油、蒜泥（見 Tips 26）拌在一起，加鹽調味。

黃瓜沙拉

Cucumber Salad

6 人份，或者是做為裝飾配菜。

1. 將兩條大型黃瓜去皮，縱切，去籽。
2. 切成薄片或是細絲，然後加入 0.5 茶匙的鹽，¼ 茶匙的糖和 1 茶匙的葡萄酒醋。
3. 醃 15 至 20 分鐘後，倒掉水分（可以將水分留下來做醬汁），即可上桌。
4. 或是再拌入切碎的巴西里或是新鮮的蒔蘿；或是拌入酸奶然後用蒔蘿裝飾。

Tips 20 ｜注意：

大部分市售的黃瓜都覆有一層蠟，作為保鮮之用。如果你的小黃瓜沒有蠟，那就不需要去皮，也可以享受到有綠邊的小黃瓜片。不論是否有用蠟，都可以不必去籽，但是沒有去籽的黃瓜會流出更多的汁液。

↑ 舀起一匙滑潤的荷蘭醬（奶油蛋黃醬）。

↑ 因龍蝦而開懷大笑。

高麗菜和其他的蔬菜沙拉　57

SHOULDER
OR CHUCK
RIB
LOIN
SIRLOIN
RUMP
ROUND
BRISKET
FLANK
PLATE

↑ 和雷蒙・卡微（Raymond Calvel）教授閒聊法國麵包的製作。
↖ 認識肉的部位。
← 魚湯佐濃郁、不甜的白酒，或是簡單的紅酒。
→ 將歐姆蛋從鍋中倒出。

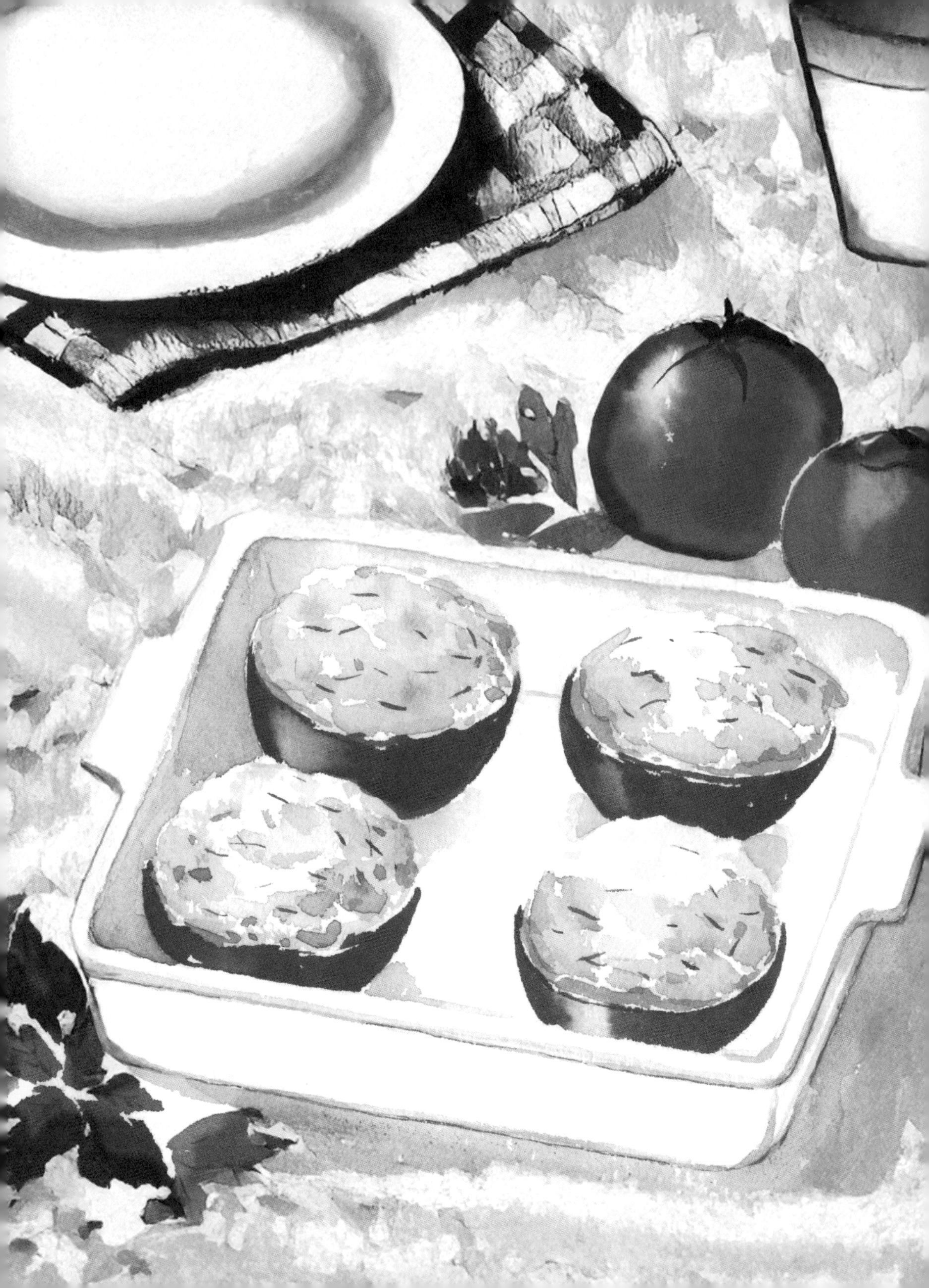

Chapter 3

蔬菜
Vegetables

提供美好、新鮮的蔬菜時，
你要展現它們的色彩。

珍珠洋蔥必須保持形狀完整，但整體都要軟透，而馬鈴薯泥則要綿密滑順且保有濃郁馬鈴薯香味。本章的表格是我的建議，說明用蒸、煮或是加蓋燉煮等的不同手法，達到最理想的效果。

綠色蔬菜的白煮方式
The Blanch/Boil System for Green Vegetables

　　白煮（to blanch/boil）綠色蔬菜（如四季豆之類），必須將青蔬扔入一大鍋沸騰的水中，盡快讓水再滾開，然後小火滾幾分鐘，直到蔬菜剛好變軟。

　　2 磅（約 900 公克）的四季豆需要 6 至 8 夸特（約 6 至 8 公升）的水，大量的水意味著能夠快速地再滾開，蔬菜就不會變色。

　　如果沒有要立刻上桌，就要立刻瀝乾，並將冷水注入鍋中，殺青，這樣可以保持顏色和口感。徹底濾乾水分，蔬菜就可以熱食或冷食上桌。因此，你可以提前數小時就煮好。

　　請注意鹽的比例是每夸特水加 1.5 茶匙的鹽，所以 8 夸特水就需要 12 茶匙鹽（約 4 大匙或 ¼ 杯）。

白煮蔬菜表
Blanch/Boil Vegetable Chart

蔬菜名稱	準備工作	烹調 6 至 8 夸特加鹽的滾水快煮	最後處理
蘆筍 每份 4 至 6 支	切掉半吋的老梗，除了尖端的部分之外都要去皮。	1 平置在不加蓋的滾水中 4 至 5 分鐘，或直到蘆筍略微彎曲。 2 取出，放在布巾上瀝乾。	在溫熱的蘆筍上淋上融化的奶油，和／或新鮮的檸檬汁。或配上荷蘭醬（見第 36 頁）。或是配上油醋醬（見第 43 頁）冷食。
四季豆 1.5 磅， 約 680 克， 4 至 5 人份	細長的豆莢只需掐去兩端。較寬豆莢，斜切成 1 吋（約 2.5 公分）小段。	1 切段：煮 2 至 3 分鐘 　完整：煮 4 至 5 分鐘，至剛好全熟。 2 立刻瀝乾並「最後處理」，或冷水殺青。	1 用奶油、檸檬汁、調味料和巴西里一同放入炒鍋中同炒。 2 冷卻後拌入油醋醬（見43 頁）。
青花菜 1.5 磅， 約 680 克， 4 至 5 人份	將青花菜一朵一朵地切下，並去皮。中央梗去皮至淡青色內部，然後切塊。	1 不加蓋滾煮 2 至 4 分鐘，直到僅餘一點脆度。 2 立刻取出。青花菜很容易就煮過頭，迅速到我不建議提前先煮好。	和蘆筍相同的建議。另外： 1 撒上新鮮的麵包碎（Tips 36），用奶油炒過。 2 將青花菜放入炒鍋中和橄欖油與大蒜泥拌炒。 3 準備焗烤（第 74 頁）。
甘藍芽 1.5 磅， 約 680 克， 4 至 5 人份	修剪根部，移除鬆脫或是變色的葉片，在根處切出深 ¼ 吋的刀口。	1 不加蓋滾煮 4 至 5 分鐘，或軟到可以刺穿。瀝乾。 2 如果不立刻上桌，可用冷水殺青。	1 佐以融化的奶油，整顆上桌，或是對半切，然後用熱奶油炒過，直到略微焦黃。 2 準備焗烤（見第 74 頁）。

Chapter 3 蔬菜

蔬菜名稱	準備工作	烹調 6 至 8 夸特加鹽的滾水快煮	最後處理
菠菜 3 磅， 約 1.3 公斤， 4 人份	用冷水反覆清洗，以去除泥沙。將葉與梗分開。	1 不加蓋煮到變軟，視菜的嫩度，須 1 至 3 分鐘。 2 瀝乾，用冷水沖過，再瀝去水分，將菜擠乾，然後切碎。（如果很嫩，就不需要煮過，直接用油或是奶油炒即可。）	快速地用奶油或是橄欖油，和切碎的大蒜炒過。 或是： 1 炒過後，加入 0.5 至 1 杯的高湯或是鮮奶油，用鹽、胡椒和肉豆蔻調味。 2 加蓋用奶油、紅蔥頭燜煮 5 至 7 分鐘，直至軟嫩。
君達菜 10 片， 6 至 8 人份	將葉片的部分與中央的白梗切開，兩者要分開煮。	梗的部分： 1 切成 ¼ 吋的片狀。 2 以打蛋器將 3 杯水慢慢攪拌入 ¼ 杯麵粉，1 茶匙鹽和 1 大匙檸檬汁中。 3 煮滾，加入梗，轉小火燉煮 30 分鐘。 4 瀝乾。 葉片部分： 滾煮、擠乾、切碎如菠菜。	葉片部份，可用任何菠菜的烹調方式處理。或是將葉片和梗拌在一起，然後像白花菜般地焗烤（見第 74 頁），利用煮梗的汁當作醬底。

蒸蔬菜

Steamed Vegetables

當不需要特別保持蔬菜的顏色時,蒸,是同時烹飪數種蔬菜的簡單方式。

1 需要一只蒸籃(蒸籠)、一只有個緊密鍋蓋的大鍋子。蒸籃要能整個放入大鍋中。

2 在鍋內倒入 1 英吋(約 2.5 公分)高的水,放入蒸籃,然後將蔬菜放入蒸籃中。

3 蓋上鍋蓋,將水煮開,當蒸氣開始出現時,就開始計時。

一些蒸食的蔬菜
A Handful of Steamed Vegetables

蔬菜名稱	準備工作	烹調 置入蒸籃內， 放入有 1 吋高水的加蓋鍋內	最後處理
朝鮮薊 一顆， 1 人份	修除梗部。切掉頂端 0.5 吋，用剪刀去除刺人的葉子尖端。切過的部分用檸檬抹過。	上下顛倒地放入蒸籃中。蒸 30 到 40 分鐘，直到底部變軟，可穿透插入。	1 溫熱食用：佐以融化的奶油或是荷蘭醬（見第 36 頁），沾食葉片。 2 冷食：佐以美乃滋（Tips 17）或基本油醋醬（見第 43 頁）。
高麗菜瓣 一顆 2 磅的高麗菜， 約 900 克， 4 人份	將高麗菜從菜心處切半，再切成瓣。 修整菜心，但不要讓葉片散開。	將高麗菜瓣切面朝上排放於蒸架。澆淋 2 杯雞高湯，再加水至鍋內，高約 2.5 公分。調味，加蓋，蒸約 15 分鐘，至剛好變軟。	大火將蒸汁收到濃稠。拌入 1 至 2 大匙的奶油和切碎的巴西里。淋在高麗菜瓣上即可上桌。
白花菜 1.5 磅， 約 680 克， 4 至 5 人份	切掉中間硬梗，並且剝除白花。剝除硬梗的皮，並切成塊。小朵白花也要去皮。	蒸 3 到 5 分鐘，直到僅略帶脆度。	1 淋上奶油、檸檬或是荷蘭醬；或撒上用奶油炒過的麵包碎和切碎的巴西里。 2 用橄欖油、大蒜泥和巴西里一起炒。 3 準備焗烤（見第 74 頁）。

蔬菜名稱	準備工作	烹調 置入蒸籃內， 放入有1吋高水的加蓋鍋內	最後處理
蛋茄 1磅， 約450克， 4人份	清洗蛋茄，整顆放入蒸籃。	蒸20到30分鐘，直到變軟，略皺，並且很容易就可以尖刺物穿透。	修除頂端綠蒂，將蛋茄縱切成半，或是四塊。 1 在茄肉的部分淋上蒜味油醋醬（見第44頁），冷熱食皆可。 2 將茄肉挖出，以橄欖油和洋蔥以及蒜泥同炒，直到略成焦黃。 3 蛋茄魚子醬：將茄肉用食物處理機打成泥，然後打入蒜泥，多香果，薑和塔巴斯科辣醬，若喜歡的話，還可以加入1杯碎核桃，一滴一滴加入橄欖油，最多可加4大匙。

Chapter 3 蔬菜　67

蒸煮蔬菜

The Boil/Steam System for Vegetables

　　這個方法特別適合根莖類蔬菜，如胡蘿蔔和小洋蔥之類，以及市售的青豌豆。與其把蔬菜放在大量的水中煮，然後再將水倒掉，這樣會流失很多風味，不如用少量的水來加蓋蒸煮就好了。

　　然後再把蒸煮蔬菜的湯汁收乾以濃縮風味，再用來淋在蔬菜上當醬汁。

蒸煮蔬菜表

Boil/Steam Vegetable Chart

蔬菜名稱	準備工作	烹調	最後處理
珍珠小洋蔥 12 至 16 個，大約 1 吋大小，4 人份	1 去皮：將珍珠小洋蔥放入滾水中，煮 1 分鐘。 2 瀝乾，用冷水殺青。 3 修除根部，去皮。在根部切出約 ¼ 吋深的十字刀痕，以免爆開。	**白燴洋蔥**：在湯鍋中內平鋪一層小洋蔥，倒入雞高湯或水至半鍋滿。加入 1 大匙奶油，略微調味，加蓋，小火燉煮 25 分鐘，或直至變軟。 **紅燴洋蔥**：在蒸之前先用奶油和油炒過去皮的洋蔥直到略微上色。然後加入雞高湯或水，鹽和 1 茶匙糖，加蓋，如上述般燉煮。	1 不加蓋，將多餘的汁液收乾，然後可視喜好再拌入 1 大匙的奶油。 2 奶油洋蔥：白燴洋蔥剛煮軟時，加入動物性鮮奶油。小火燉煮數分鐘直到變稠，將汁液淋上。視喜好拌入切碎的巴西里。
胡蘿蔔、防風根、大頭菜、蕪菁 1.5 磅，約 680 克，5 至 6 人份	去皮後，切成 ¾ 吋的大小。	1 放入湯鍋中，將水加到蔬菜高度的一半。 2 用 0.5 茶匙鹽調味，視喜好加入 1 至 2 大匙的奶油。 3 加蓋，大火煮滾，繼續滾煮 8 至 10 分鐘，或直到變軟。 4 開蓋，用大火快速煮至湯汁蒸發。	1 將切塊的莖類與奶油、碎巴西里和／或青蔥、磨碎的新鮮生薑一起拌勻。 2 用食物處理機將蒸好的塊莖打成泥。用中火拌煮，以收乾汁液。拌入奶油或動物性鮮奶油，調味。 3 金沙：將打成泥的胡蘿蔔（或南瓜）與馬鈴薯泥（見第 80 頁）拌在一起。

蔬菜名稱	準備工作	烹調	最後處理
南瓜 1.5 磅, 約 680 克, 5 至 6 人份	1 切開後,刮除子和絲。 2 去皮,切成 ¾ 吋大小。	如上述般調理。	如上述般打成泥。
青豆 2 磅新鮮帶 莢豌豆, 約 3 杯, 6 人份	1 將青豆仁放入鍋內。 2 加入 1 大匙軟化的奶油,0.5 茶匙的鹽和糖。 3 每次取一把青豆,與奶油、鹽和糖粗略地搓過。	1 倒入幾乎可以覆蓋住青豆仁的水。 2 煮滾,加蓋,大火快滾 10 至 15 分鐘,或直到變軟。	開蓋,有需要的話將汁液煮乾。調整調味。可視口味拌入更多的奶油。

Tips 21 │ 番茄:去皮、去籽和取汁 ── 製作新鮮的番茄漿

1 要為番茄去皮,將番茄放入一大鍋沸騰的滾水中,恰好燙 10 秒。
2 將蒂頭挖掉,然後從那裡將皮剝除。
3 要去籽和取汁,將番茄橫切對半,然後輕輕擠壓,以擠出裡面的籽、肉和汁液,用手指頭挖出剩餘的籽。
4 接著通常會將番茄切碎或切丁(法文稱做 concassées,意為切碎的),製成新鮮的番茄漿。

烤蔬菜
Roasted or Baked Vegetables

雖然兩個詞的意思相同，但對現代人來說，「roasted」（爐烤）聽起來比較新潮有趣，而「baked」（烘焙）則給人一種過時老舊的感覺。我會根據語感選用最適合的用詞。

編按：本章一律稱為「烤」，爐烤詳見 P114。

普羅旺斯烤番茄
Tomatoes Provençal

將番茄切半，然後和香草、大蒜還有麵包碎一起烤。4 人份。

- 4 顆結實、成熟的番茄
- 半杯新鮮的白麵包碎
- 2 大匙切碎的紅蔥頭或蔥
- 2 瓣切細碎的大蒜
- 1 至 2 大匙的橄欖油
- 適量的鹽和胡椒

1. 番茄對半切、去籽、取汁和囊（見 Tips 21）。
2. 將半杯新鮮白麵包碎、2 大匙切細碎的紅蔥頭或蔥，2 瓣切細碎的大蒜，1 至 2 大匙的橄欖油，以及適量鹽和胡椒拌在一起。
3. 輕灑鹽巴，然後將步驟 2 填入步驟 1 的番茄中。
4. 淋上橄欖油，放入預熱至 400°F（約 204°C）的烤箱上層，烤 15 至 20 分鐘，直到麵包碎略呈棕色，番茄變軟但是仍舊維持形狀。

烤南瓜

Baked Winter Squash

1.5 磅（約 680 公克）的南瓜，4 至 6 人份。

1. 無論要烤哪種種類的南瓜，將其對切，然後刮出裡面的籽和絲。
2. 將奶油和調味料塗抹在南瓜的內部，然後放入預熱至 400°F（約 204°C）烤箱的底層，直到瓜肉變軟、可食用，這通常至少需要一個小時。
3. 切成方便食用的大小即可上桌。
4. 或是，填入適用於火雞的填料，然後再烤半小時。
5. 烤的時候，要用肉汁或是融化的奶油塗抹數次。

烤茄片和茄子披薩

Baked Eggplant Slices and Eggplant "Pizza"

兩個中形茄子，約 3 磅（約 1,350 克），5 至 6 人份。

1. 挑選結實、發亮的茄子（編按：挑矮胖圓弧型的），清洗後切成 0.5 吋（約 1.3 公分）的厚片。
2. 在兩面都略撒上鹽，放在紙巾上出水 20 至 30 分鐘。
3. 輕輕拍乾，排放在抹過油的烤盤上，在茄子厚片表面刷上橄欖油。
4. 撒上乾義大利香料或是普羅旺斯香料（見 Tips 33），覆蓋錫箔紙。
5. 送入預熱至 400°F（約 204°C）的烤箱，烤 20 分鐘，或至變軟。
6. 要做茄子披薩，把番茄醬（見 Tips 22）鋪在每一片茄子上，撒一點帕瑪森起司，並淋上一點橄欖油。
7. 送進烤箱，以「上火」烤至表面金黃。

Tips 22 ｜番茄醬

新鮮現做番茄醬　製作 2.5 杯的番茄醬。

1 用 2 大匙的橄欖油炒半杯的碎洋蔥至變軟。
2 然後加入 4 杯新鮮的番茄漿（見 Tips 21），或是，各兩杯的新鮮和罐頭義大利小番茄。
3 加入一小撮百里香，1 片月桂葉，2 大瓣蒜泥，視喜好可再加入幾絲的番紅花，和 ¼ 茶匙的陳皮。
4 略加點鹽，加鍋蓋留縫，小火燉煮 30 分鐘。

番茄沾醬（當作配菜）

1 用 1 大匙的橄欖油或是奶油炒 2 大匙的切細碎紅蔥頭或是蔥。
2 炒軟後，用各 ¼ 杯的雞高湯和不甜的苦艾酒煮至滾。
3 等到成濃稠、糖漿狀，再拌入 2 杯新鮮番茄漿（見 Tips 21），一瓣切細碎的大蒜，一大撮龍蒿或羅勒。
4 小火燉煮 2 至 3 分鐘以煮熟番茄，調味後拌入切細碎的巴西里。

焗烤白花菜

Cauliflower au Gratin

5 至 6 人份

1. 準備 3 杯蒸熟的白花菜（見第 66 頁表格）。
2. 準備 2 至 2.5 杯的白醬（見第 35 頁）。
3. 將 ⅓ 杯粗磨過的瑞士乳酪拌入白醬。
4. 在抹過奶油的淺烤盤內薄薄地塗一層白醬。
5. 將白花菜排放烤盤內，淋上剩餘的白醬，撒上 ¼ 杯的乳酪。
6. 在預熱至 425°F（約 218°C）的烤箱內，烤 20 至 25 分鐘，
7. 直到表面起泡，略成褐色。

+ 變化

+ **青花菜或是甘藍芽** 完全與白花椰菜相同的手法料理（見第 63 頁表格）。

+ **焗烤櫛瓜** 將刨絲的櫛瓜炒過（見第 77 頁），但是要留下擠出來的汁液。
  1. 製作絲絨濃醬（見第 35 頁）：2 大匙的奶油，3 大匙麵粉和 1.5 杯的液體（櫛瓜汁再加上牛奶）。
  2. 將櫛瓜絲拌入絲絨濃醬中，鋪在抹過奶油的烤盤內，撒上 ¼ 杯的刨絲瑞士乳酪。
  3. 在預熱至 400°F（約 204°C）的烤箱上層，烤約 20 分鐘，直到表面起泡，略呈褐色。

嫩煎蔬菜
Sautéed Vegetables

一如既往，快炒是料理蔬菜最簡單、快速的方法。不過，你一定要記得，使用美味的奶油或是初榨橄欖油會增加額外的熱量攝取。

嫩煎蘑菇
Sauteed Mushrooms

1. 在一個大炒鍋中加熱 1.5 大匙的奶油和 0.5 大匙的油，
2. 等到奶油逐漸不起泡時，倒入 ¾ 磅新鮮切成四瓣的蘑菇。
3. 翻炒數分鐘，經常翻動以讓蘑菇吸收奶油，到蘑菇開始上色時，奶油會再度開始起泡。
4. 倒入 0.5 大匙碎紅蔥頭，用鹽和胡椒調味後，再炒 30 秒。

Tips 23 ｜記住：

- 1 磅新鮮的蘑菇＝ 1 夸特
- 0.5 磅切片的新鮮蘑菇＝ 2.5 杯
- 0.5 磅切丁的新鮮蘑菇＝ 2 杯
- ¾ 磅（3 杯）切片或是切成四瓣的新鮮蘑菇＝ 2 杯炒蘑菇

Tips 24 ｜煮菇帽

做為裝飾配菜用。在不鏽鋼單柄湯鍋中，裝 ¼ 杯水、1 大匙新鮮檸檬汁、一大撮鹽和 1 大匙奶油，加入 10 朵大蘑菇的菇帽。煮滾，加蓋約 2 至 3 分鐘直到菇帽變軟。

+ 變化

+ **蘑菇丁杜舍爾醬** mushroom duxelles
1 將 0.5 夸特（0.5 磅）新鮮蘑菇切成細丁（dice，第 252 頁）。
2 一小把、一小把地逐次將細丁包入乾淨的布中，扭轉以榨出蘑菇汁。
3 如前述基本食譜般炒過，在最後加入切碎的紅蔥頭。
4 若要酒香，拌入 2 大匙不甜的波特酒或馬德拉酒，然後略微滾煮收乾。

炒洋蔥甜椒

Pipérade-Sauéed Peppers and Onions

製作 1.5 杯

1 用 2 大匙橄欖油慢炒 1 顆切片的中型洋蔥，直到變軟但沒有上色。

2 加入 1 顆切片的中型紅甜椒、1 顆切片青椒、和 1 瓣磨成泥的大蒜。

3 1 大撮普羅旺斯香料（見 Tips 33）調味，再加上鹽與胡椒。

4 用小火繼續炒數分鐘，直到甜椒與青椒變軟。

洋蔥醬

Brown Onion "Marmalade"

3 杯切片的洋蔥可製成約半杯

1 用 2 至 3 大匙的奶油小火慢炒約 15 分鐘，直到變軟而且透明。

2 將火調大，再炒 5 分鐘左右，不斷地攪拌直到上色至漂亮的褐色。

炒櫛瓜絲

Grated Sautéed Zucchini

製作 1.5 磅（約 680 克），4 人份。

1. 將櫛瓜刨絲，放入濾網，加 1.5 茶匙鹽拌勻，靜置 20 分鐘。
2. 然後用手抓取適量，每次一小把，以布巾擰出汁液。
3. 在大炒鍋中以 2 大匙橄欖油或奶油，略炒 1 大匙切細碎的紅蔥頭，
4. 然後加入櫛瓜絲，用大火快炒 2 分鐘左右，直到變軟即可。

+ 變化

+ **奶油櫛瓜**　櫛瓜絲變軟後，拌入 0.5 杯動物性鮮奶油，再小火燉煮至鮮奶油被櫛瓜吸收，然後再拌入 1 大匙的切碎巴西里或是龍蒿。

炒／蒸甜菜根絲

Grated Sautéed/Steamed Beets

製作 1.5 磅，4 人份。

1. 甜菜根去皮，刨絲，和 2 大匙融化的奶油一同放入不沾炒鍋內。
2. 加入 ¼ 吋（約 0.6 公分高）的水，和 1 茶匙紅酒醋，用中火加熱至微滾，煮 1 分鐘，不斷地攪拌。
3. 加蓋，轉小火微滾約 10 分鐘，視需要可加入更多的水，煮至甜菜根變軟，液體蒸發。
4. 再攪拌入 1 大匙左右的奶油，然後調味。

+ 變化

+ **蕪菁、大頭菜和胡蘿蔔**　刨絲後，以相同的手法炒／蒸。

Chapter 3 蔬菜

燴蔬菜
Braised Vegetables

當有些蔬菜需要用比較長的時間去烹煮時，就採用「燴」的手法，也就是加蓋，然後用蔬菜本身的汁液去蒸熟。

燴西芹
Braised Celery

每份需要 ⅓ 到 ½ 棵料理好的西洋芹心

1. 根據西洋芹菜的粗細程度，縱切成 2 半或 3 塊，並以流動清水洗淨。
2. 切面朝上，放在一只抹過奶油的、可直火加熱的烤盤內。
3. 輕灑一點鹽，每一塊抹上 1 茶匙調味燜菜（見 Tips 25），
4. 將雞高湯倒至芹菜 ⅓ 高度，放在爐上煮至冒泡（微滾）。
5. 將抹過奶油的烘焙紙舖在芹菜上，再蓋上錫箔紙，送進預熱至 350°F（約 177°C）的烤箱內，烤 30 至 40 分鐘，直到變軟。
6. 將湯汁倒入醬汁鍋中煮至濃稠，攪拌加入約一湯匙奶油，然後淋在芹菜上。

編按：由於這道菜需要先在爐上煮沸，再放入烤箱，可選用全金屬製、耐高溫陶瓷（特製耐火陶瓷）、琺瑯鑄鐵鍋具或耐高溫玻璃等材質的鍋具。

+ 變化

+ **燴青蒜** 每人份是一支粗大或兩支纖細的青蒜。粗的青蒜須縱切成兩半，纖細的則可保留完整。將切面朝上，平鋪在抹過奶油的烤盤內，然後如燴西洋芹般進行，但不要加調味燜菜。

Tips 25 ｜調味燜菜 mirepoix
提供燴的肉類和蔬菜更濃郁的滋味。製作約 1/3 杯的份量。在 2 湯匙奶油中，放入各 1/4 杯切細丁的紅蘿蔔、洋蔥和芹菜，加入一撮百里香，如果喜歡也可以加入 1/4 杯火腿丁，小火慢炒約 10 分鐘。煮軟後，依個人口味適量調味。

燴苦苣
Braised Endives

10 棵苦苣，5 至 10 人份。

1 修整苦苣的根部，不要讓葉片散落。

2 平鋪一層在抹過奶油耐高溫砂鍋內。

3 略撒點鹽，1.5 大匙的奶油切成碎塊排放在上面，撒上 1 茶匙的檸檬汁。

4 將水加至一半的高度，然後在爐火上煮至沸騰。

5 轉小火煮 15 分鐘，或至幾乎變軟。

6 將抹過奶油的烘焙紙放在苦苣上，蓋上鍋蓋，送進預熱至 325°F（約 163°C）的烤箱，烤 1.5 至 2 小時，或直到苦苣變成淡奶油黃色。

甜酸紫高麗菜
Sweet and Sour Red Cabbage

4 至 5 人份

1 在大湯鍋內用 2 至 3 大匙奶油或油或豬油炒 1 杯紅洋蔥片，直到變軟。

2 拌入 4 杯切碎的紫高麗菜，1 顆酸蘋果的碎末，2 大匙紅酒醋，1 瓣大蒜泥，1 片月桂葉和 0.5 茶匙的葛縷子，各 1 茶匙的糖、鹽和胡椒，然後再加 0.5 杯水。

3 加蓋用大火煮滾後再煮 10 分鐘，偶爾翻動，視需要加入更多的水，直到高麗菜變軟，水分蒸發。

4 試吃後調味。

馬鈴薯
Potatoes

馬鈴薯泥
Mashed Potatoes

2.5 磅（4 至 5 顆，約 1,130 公克）的大型馬鈴薯，6 人份。

1. 馬鈴薯去皮、切成四塊，在鹽水（每夸特加 1.5 茶匙的鹽）中煮 10 至 15 分鐘，或直到戳入可以穿透（但不要煮太過了！）。
2. 瀝乾，放回鍋中炒 1 分鐘，以蒸發馬鈴薯的水分。
3. 可用薯泥器；或電動攪拌機（見第 240 頁）以慢至中速攪拌，並加入少量熱牛奶或是鮮奶油調和。
4. 用鹽和白胡椒調味，逐次加入最多 0.5 杯熱牛奶或是鮮奶油，每次一湯匙；並交替加入 0.5 大匙的奶油，一邊攪拌一邊調整口感。
5. 如不立刻食用，將鍋子放在幾近沸騰的熱水上保溫，並蓋上鍋蓋、留縫隙，讓馬鈴薯有流通的空氣。
6. 這樣可以保溫一小時或更久，三不五時地攪拌一下，上桌前可視喜好再加入一些奶油。

編按：茱莉亞建議的品種為赤褐馬鈴薯（russet）或黃金尤肯馬鈴薯（Yukon-gold）。

+ <u>變化</u>

+ **蒜味馬鈴薯泥**　在搗碎馬鈴薯之後,將 1 至 2 顆以奶油燉煮的蒜瓣打成泥(見 Tips 26),攪打入馬鈴薯中,然後進行調味,加牛奶或是鮮奶油和奶油。(在我早期的電視節目中我採用比較複雜的白油糊的作法,但是這個作法較為簡單,而且好吃多了。)

Tips 26 ｜大蒜

大蒜知識　要將蒜瓣從蒜頭上剝下來,先切掉蒜頭頂部,然後用拳頭或是刀面拍打蒜頭。**要剝蒜皮**,可將蒜瓣放入滾水中,滾 30 秒,然後蒜皮就能輕易剝除。**要切細蒜末**,先在砧板上拍碎整顆蒜瓣,去皮後用刀切成碎末。**要製作蒜泥**,在切碎的蒜末上撒上一大撮的鹽,然後用刀面將蒜末在砧板上來回壓磨,或用研磨缽和杵搗成泥。

要去除手上的蒜味,先用冷水洗手,再抹上鹽搓揉,然後再用肥皂和溫水洗手;視需要可重複以上步驟。

燴蒜瓣　將 1 整顆去皮的大蒜瓣和 1 大匙的奶油或是橄欖油放入一個加蓋小鍋中,小火燉煮 15 分鐘左右,直到變軟但是沒有變色。

奶油燴蒜瓣　前述的蒜瓣用 0.5 杯的鮮奶油燴煮 10 分鐘左右,直到軟到要融化。用鹽和白胡椒調味。

蒸馬鈴薯

Steamed Whole Potatoes

適用於直徑約 2 英吋的小顆紅皮馬鈴薯，或新馬鈴薯 *。

1. 將馬鈴薯刷乾淨，視喜好可削去中央一圈皮。
2. 堆放在蒸籃中，蒸籠下方的鍋中加入 2 英吋（約 5 公分）深的水。
3. 將水煮沸，蓋緊鍋蓋，蒸約 20 分鐘，直到可以輕易刺穿為止。
4. 可直接搭配調味料和融化的奶油食用，或是去皮切片做成沙拉。

編按：指剛剛收穫、尚未經過長期儲藏的馬鈴薯。新馬鈴薯通常皮薄、質地較為柔軟，且含有較高的水分和較低的澱粉含量，因而口感較為細膩。通常個頭也較小。

水煮馬鈴薯片

Boiled Sliced Potatoes

專用於沙拉。約 1 夸特。

1. 選擇相同大小、適合水煮的馬鈴薯。去皮、切成 ¼ 吋（約 0.6 公分）的厚片；每完成一顆就放入冷水中，以免變色。
2. 所有馬鈴薯都處理完成後，將水瀝乾，加入新的清水覆蓋馬鈴薯，每夸特的水須加 1.5 茶匙的鹽。
3. 用小火燉煮 2 到 3 分鐘，並仔細確定已煮軟。
4. 瀝乾，加蓋，然後靜置恰好 4 分鐘，讓馬鈴薯變得結實，
5. 開蓋後要在馬鈴薯仍舊溫熱的時候調味。

焗烤多菲內馬鈴薯千層派

Scalloped Potatoes — Gratin Dauphinois

2 磅的水（近 1 公升）煮馬鈴薯，4 至 6 人份。

1. 清洗馬鈴薯，如前述般去皮，切片，浸冷水。
2. 在可直火加熱烤盤內抹上奶油，用一瓣大蒜的蒜泥塗抹在底部，將馬鈴薯一片片地放入。
3. 熱 1 杯用鹽和胡椒調味過的牛奶，倒在馬鈴薯片上，視需要可加更多的牛奶，淹到馬鈴薯 ⅔ 的高度。
4. 爐火加熱至微滾，將 2 至 3 大匙的奶油切小塊，均勻散布在馬鈴薯上。
5. 放入預熱至 425°F（約 218°C）烤箱的上層，烤約 25 分鐘，直到馬鈴薯變軟，表層漂亮上色。

+ 變化

+ **焗烤薩瓦馬鈴薯千層派** 用奶油嫩煎 3 杯薄切洋蔥片（炒香），並準備好 1.5 杯刨碎瑞士乳酪備用。

1. 在烤盤中分層鋪放洋蔥、乳酪和馬鈴薯片。
2. 不用牛奶，改用 2 杯調好味的雞或牛高湯加熱；將高湯倒在馬鈴薯上，覆蓋至 ⅔ 的高度。
3. 放入預熱至 425°F（約 218°C）烤箱的上層，期間用湯汁淋馬鈴薯數次，直到高湯完全被吸收，烤到馬鈴薯呈現漂亮的褐色，約需 40 分鐘。

Tips 27 │ 澄清奶油

簡單的作法是融解奶油，然後將清澈的黃色液體倒出，留下乳狀的殘渣。**專業、可長期保存的作法**：在一個大湯鍋內，以小火將奶油加熱沸騰，直到泡泡幾乎完全消失，然後用一個濾茶器過濾出清澈的黃色奶油，倒入玻璃罐中，放在冰箱或冷凍庫內，可保持數月之久。

+ **馬鈴薯安娜（奶油烤薄片馬鈴薯）** 2 磅水煮馬鈴薯，4 至 6 人份。

1. 如前述準備好馬鈴薯片並完全擦乾。
2. 10 吋（約 25 公分）不沾平底鍋中倒入澄清奶油（見 Tips 27），深度 ¼ 吋（約 0.6 公分），
3. 用中火加熱，快速在鍋底鋪上一層馬鈴薯片，片與片之間稍微重疊，排列成同心圓。
4. 搖動平底鍋以免沾黏，在第一層刷上一些奶油，然後再鋪馬鈴薯片、刷奶油，
5. 重複以上動作，整齊地排列剩餘的馬鈴薯片，每隔幾層就要加入適量鹽和胡椒調味。
6. 等到鍋子裝滿後，煎 3 至 5 分鐘讓底層焦脆。
7. 轉小火，加蓋煮 45 分鐘，或直到馬鈴薯能輕易地被刺穿，注意不要燒焦底層。
8. 用刀沿鍋邊鬆開馬鈴薯餅，然後將其倒扣在預先溫熱好的盤子上。

嫩煎馬鈴薯塊

Sauteed Diced Potatoes

1.5 磅的水煮馬鈴薯,4 人份。

1. 馬鈴薯去皮,切成 ¾ 吋(約 2 公分)的塊狀,放入冷水中去除澱粉。
2. 瀝乾,在布巾上弄乾。
3. 用 3 大匙澄清奶油,或 2 大匙奶油加 1 大匙食用油,以大火炒,不時翻動直到呈現漂亮的金黃色。
4. 轉小火,適量鹽、胡椒調味,也可以加上普羅旺斯香料(見 Tips 33)。
5. 加蓋,煮 3 至 4 分鐘,直到變軟。
6. 如果不立即上桌,可保溫約 15 分鐘左右,不要加蓋。
7. 要上菜時,轉中大火加熱,加入 1 湯匙的碎紅蔥頭和巴西里,再加上 1 大匙左右的奶油。翻炒數分鐘,即可上桌。

最好吃的馬鈴薯煎餅

The Best Grated Potato Pancakes

這是我改編自六〇年代莎莉·達爾（Sally Darr，譯注：著名美食家雜誌編輯）在她位於紐約迷人的鬱金香餐廳（La Tulipe）所供應的美味料理。

3 至 4 個大顆烤用馬鈴薯，6 人份。

1. 將馬鈴薯蒸 15 至 20 分鐘，直到幾乎熟透但尚未變軟。
2. 靜置數小時，直到完全冷卻。
3. 去皮，然後用手動刨絲器的最大孔刨成絲。
4. 撒上適量鹽和胡椒，粗略地分成六堆。
5. 在煎鍋中抹上 1/8 吋（約 0.3 公分）的澄清奶油（見 Tips 27）
6. 等奶油熱時，放入 2、3 堆馬鈴薯絲，用鍋鏟輕輕壓平，煎 4 至 5 分鐘，直到底部變焦黃，小心翻面，把另一面煎至金黃色。
7. 放置一旁，不要加蓋，最後放入預熱至 425°F（約 218°C）的烤箱內稍微加熱即可。

+ 變化

+ **大馬鈴薯派**　將馬鈴薯鋪成一個大蛋糕狀，然後在大不沾鍋內嫩煎。當底部變金黃後，可以拋空翻面，或是將馬鈴薯滑到一張烤紙上，然後再將焦黃的部分朝上，倒回鍋中，將另一面煎至金黃色。

薯條

French Fries

3 磅（4 或 5 顆，約 1,350 公克）
長約 5 吋（13 公分）、寬約 2.5 吋（6.5 公分）的烤用馬鈴薯，6 人份。

1. 將馬鈴薯修整成平整的長方形，然後切成約 ⅜ 吋（1 公分）的長條。
2. 放入冷水沖洗，去除表面的澱粉。
3. 油炸前，將馬鈴薯瀝乾並徹底擦乾。
4. 將 1.5 夸特的新鮮炸油（我用 Crisco 牌）加熱至 325°F（163°C）。
5. 每次炸約 1.5 顆馬鈴薯的分量，約 4 至 5 分鐘，直到完全熟透，但是尚未上色。
6. 撈出後放在紙巾上瀝油，至少放涼 10 分鐘（或是最長可放置 2 小時）。
7. 上桌前，將油溫加熱至 375°F（約 190°C）後，再次分批油炸 1 至 2 分鐘，直到呈現漂亮的金黃色。
8. 取出，在紙巾上瀝油。
9. 略加鹽調味，立刻食用。

米
Rice

煮白米飯
Plain Boiled White Rice

製作 3 杯白飯

1. 量一杯白米放入厚底湯鍋中，加入 2 杯冷水，1 茶匙鹽和 1 至 2 大匙奶油或是優質橄欖油，攪拌均勻。
2. 用大火煮至沸騰並需時時攪拌，
3. 煮滾後，轉小火慢燉，密實加蓋，不要打開，悶煮 12 分鐘，如果是粗短的義大利阿柏里歐米（Arborio）就只需 8 分鐘。
4. 等到水分完全被吸收，表面出現蒸氣孔時就表示煮好了。
5. 這時米飯應該幾乎全熟，中心僅留有些微的嚼勁。
6. 離火靜置，悶約 5 分鐘，就完成了。
7. 用木叉把米飯翻鬆，調味。

+ 變化

+ **法式燉飯** 用 2 大匙奶油炒 ¼ 杯切細碎的洋蔥,直到軟化。
  1. 拌入 1 杯米,用木叉攪拌 2 至 3 分鐘,直到米看起來有點透明(呈乳白色)。
  2. 倒入 2 大匙的不甜法國苦艾酒和 2 杯雞高湯,加 1 片進口的月桂葉煮至微滾。
  3. 略微調味。
  4. 攪拌一次後轉小火煮、加蓋,按照基本白飯的方式燜煮至完成。

+ **野米燴飯** 1.5 杯的米,可煮出 4 杯的熟飯,6 至 8 人份。
  1. 為了清潔並使米飯更柔軟,要徹底清洗並且瀝乾,然後用 4 杯水滾煮 10 至 15 分鐘,直到米粒變軟但中心仍略硬。
  2. 瀝乾,再度用冷水清洗。
  3. 然後以前述燉飯的方式繼續進行,但是將洋蔥換成 ¼ 杯的調味燜菜(見 Tips 25)或是蘑菇丁杜舍爾(見第 76 頁)。
  4. 煮軟時,在原鍋中用木叉子攪拌,讓水分蒸發,並讓米飯變得較為酥脆,視喜好可再加入 1 大匙奶油。

Chapter 3 蔬菜

乾豆類
Dried Beans

乾豆類前製處理 —— 快速浸泡
Dried Beans Preliminary — the Quick Soak

1. 挑好 1 杯乾豆子，去除雜質徹底清洗，然後用 3 杯水煮至沸騰。
2. 滾煮 2 分鐘整，加蓋，靜置 1 小時整。
3. 這樣子豆子和煮豆水都已準備好，可以進行下一步的烹調了。

不加蓋煮豆法
Open-Pot Bean Cookery

1 杯乾豆子可以煮成 3 杯分量，4 至 6 人份。

1. 在前述的豆子和煮豆水中，加入一把中型香料束（見 Tips 56）、1 顆去皮的中型洋蔥和胡蘿蔔，
2. 可視喜好加入一塊 2 吋（約 5 公分）大小的鹹豬肉（見 Tips 58）。
3. 用鹽略微調味，加蓋，小火燉煮 1 至 1 個半小時，或直到變軟。

壓力鍋煮豆法
Pressure Cooker Beans

1. 和前述不加蓋煮豆法相同的食材，以 15 磅的壓力煮 3 分鐘。
2. 離火，讓鍋子自行釋放壓力，約需 10 至 15 分鐘。

慢燉鍋煮豆法
Crock-Pot or Slow-cooker Beans

　　不需要事前浸泡。只要將生的、未經浸泡的豆子和其他的食材在下午六點時放入慢燉鍋內，調到小火，到第二天的早上，豆子應該就煮到完美狀態了；或是把它們放在加蓋的砂鍋內，然後用 250°F（約 121°C）烤一整夜。

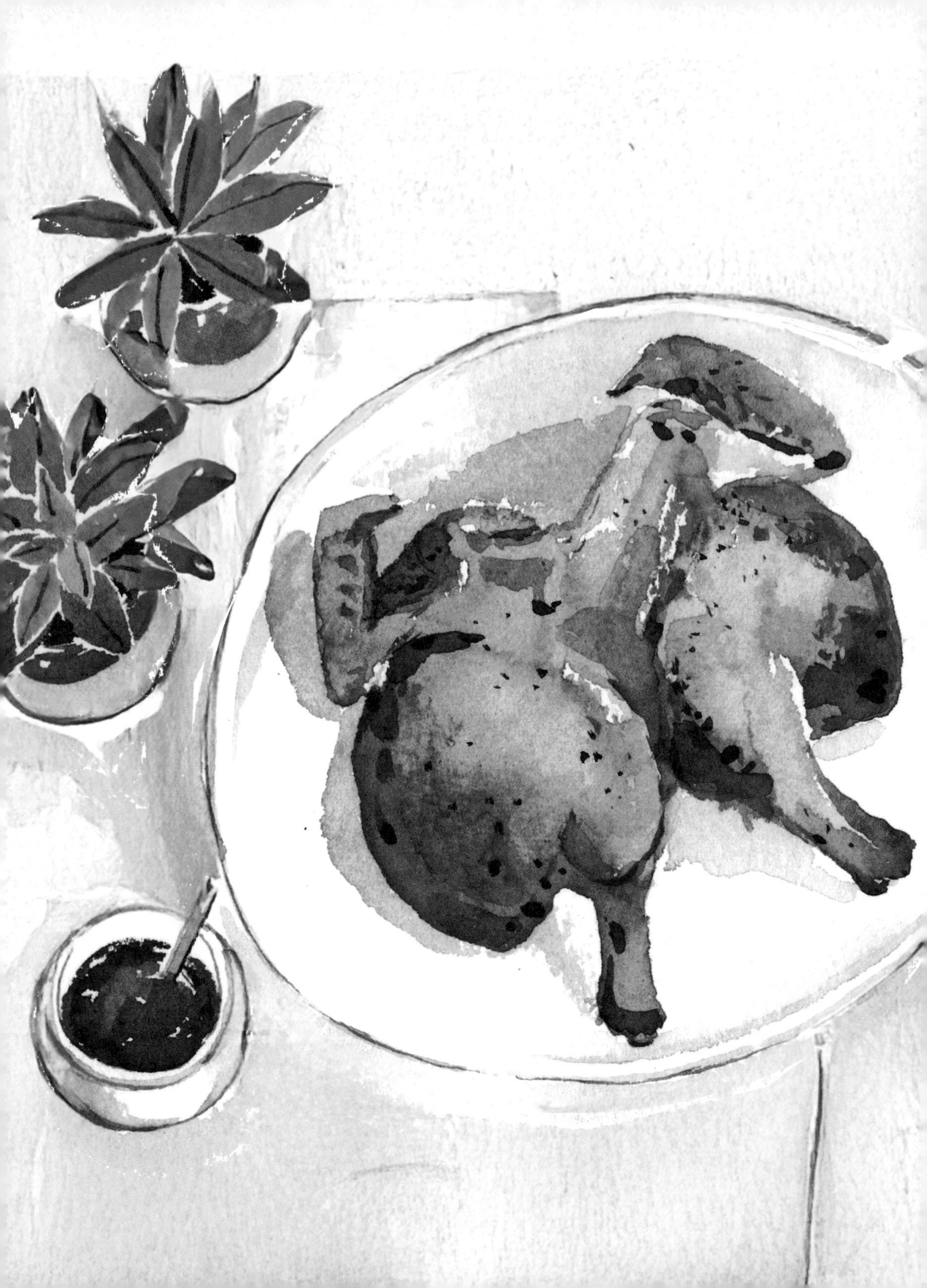

Chapter 4

肉類、禽類和魚類

Meats, Poultry, and Fish

肉類、禽類和魚，都各有特色，
但是大部分都可以用相同的手法烹調。

煎炒
Sautéing

烹調一塊厚度 0.5 吋（約 1.3 公分）、一人份的肉類、雞肉或是魚肉，最快速又簡單的方式就是煎炒（sauté）。意思就是把那塊肉擦乾，扔入熱鍋中，迅速地煎熟一面，然後煎另一面，直到呈現漂亮的金黃色，並且剛好熟透。肉汁在鍋中糖化，成為可迅速完成又美味的淋醬的基底。如果肉比較厚，只要煎久一點就好了，而且可以加蓋煎煮到完成。當然，不同的食材需要一點點不一樣的作法，我們將從基本的煎炒開始，然後介紹一些重要的變化技巧。

Tips 28 │ 成功的煎炒 4 要素

食材要乾燥　如果食材是潮濕的，就會變成蒸而不是煎了。用紙巾把食材水分拍乾，或者是再調味，然後在烹調前拍上麵粉。

熱鍋　將鍋子放在大火上，加入奶油或是食用油，等到奶油的泡沫開始變少，或是直到油幾乎開始冒煙。然後，唯有在這個時候才加入食材。如果不夠熱的話，食材就不會上色。

不要在鍋中擠成一團　最好確定食材之間能有約 ¼ 吋（約 0.6 公分）的空間。如果食材全部都擠在一起，就會被蒸熟而不是被煎熟。不要犯下往鍋中放太多食材的錯誤。如有需要的話，分成兩批、三批煎炒，否則你會後悔的。

平底煎鍋　買一個厚實而耐用的平底煎鍋，大小適中、適合烹調食物，既不要太大也不要太小。我最愛用的是專業級的 Wearever 牌鋁製不沾鍋，上緣直徑 10 英吋（約 25.4 公分），底部 8 英吋（約 20 公分），配有長柄。我也有一個較小的 6 英吋（約 15 公分）鍋，以及一個較大的 12 英吋（約 30.5 公分）鍋。
注意：這可不是什麼花稍的「美食家」專用鍋，通常可以在五金行找得到。

基本食譜

煎牛排

Sautéed Beef Steaks

4 人份

- 1 大匙無鹽奶油
- 1 茶匙淡橄欖油或是植物油（可視需要多備）
- 4 片整理過，重 5 至 6 盎司（約 140 至 170 克），厚 0.5 吋（約 1.3 公分）的牛排；無骨牛腰肉、肋排或是其他部位亦可
- 鹽和現磨的胡椒

肉汁醬 deglazing sauce
- 1 大匙細碎紅蔥頭或是蔥
- 1 瓣大蒜，磨成泥，可省略
- ⅔ 杯紅酒，或 0.5 杯不甜白酒或是不甜法國苦艾酒
- ⅓ 杯牛或雞高湯
- 1 至 2 大匙無鹽奶油

1. 將平底鍋放在最大火上加熱。
2. 放入奶油和植物油，並快速轉動鍋子使其均勻分布底。
3. 等待奶油泡沫幾乎消退時，迅速放入牛排。
4. 煎約一分鐘，不要擾動。
5. 快速在肉的表面撒上鹽和胡椒調味，然後翻面。
6. 在朝上的這一面撒上鹽和胡椒，再煎金黃約 1 分鐘，然後測試熟度。

Tips 29 ｜何時要起鍋？

要迅速而且經常地測試，因為肉可能在很短的時間就變得過熟。用手指頭輕壓。如果覺得像生肉一樣地軟爛，就是一分熟（very rare）；隨著烹調程度增加，肉會變得有彈性，煎到有點彈性時，就是五分熟（medium），沒有彈性時，就是全熟了。

製作肉汁醬

1 將肉移到熱盤中並加蓋保溫，靜置；開始製作醬汁。

2 將鍋子略微傾斜，舀出鍋內幾乎所有的油脂，只留下一點點，

3 加入紅蔥頭和大蒜，用木湯匙略炒一下（編按：約 1 分鐘），

4 然後倒入酒和肉湯，攪拌，讓凝結鍋底的肉汁融於液體中。

5 大火滾煮數秒鐘，直到濃縮成糖漿狀。

6 離火，放入奶油，握住鍋把搖晃，讓奶油完全融入醬汁中。

7 醬汁會變得滑順，而且稍微濃稠；每人份約一小匙濃縮的美味肉汁。

8 淋在牛排上，即可食用。

+ **變化**

+ **無骨雞胸肉**　要快速地煎熟，我喜歡去皮，然後將雞胸肉放在兩層保鮮膜之間，敲打到 0.5 吋厚。

  1 撒上鹽和胡椒調味，然後用澄清奶油（見 Tips 27）煎炒。
  2 每面需煎 1 分鐘左右，直到觸感有彈性，小心不要煎過頭了，但是你必須確定雞肉有煎熟：肉汁是清澈的黃色，不帶有粉紅色。
  3 用切細碎的紅蔥頭、不甜的法國苦艾酒和雞高湯製作肉汁醬。
  4 在醬汁中撒些龍蒿也會很搭。

+ **大蒜檸檬蝦**　用 3 大匙的橄欖油和 1 至 2 瓣的切碎大蒜，和碎檸檬皮（只用黃色的部分），煎 30 隻去殼、去腸沙的「中偏大」蝦子。

  1 大約 1 至 2 分鐘，等到蝦子都捲起、觸感有彈性時，離火並且拌入 2 大匙新鮮檸檬汁，滴幾滴醬油，再依口味加上鹽和胡椒調味。
  2 拌入 2 大匙的新鮮橄欖油和一些細碎巴西里（荷蘭芹）及蒔蘿。

+ **大蒜香草煎干貝** 1.5磅（約680克）鮮干貝，6人份。

1. 將大干貝切成三等分或四等分。
2. 用鹽和胡椒調味，在烹調前的最後一刻裹上麵粉（見 Tips 31）。
3. 在大型不沾平底鍋中，加熱 2 至 3 大匙的澄清奶油（見 Tips 27）或是橄欖油，
4. 當油溫很熱、但還沒有開始冒煙時，將干貝放入鍋中。
5. 每幾秒鐘就翻炒一次，同時握住鍋柄搖晃平底鍋，以使其均勻受熱。
6. 當干貝迅速變熟、開始上色之際，加入一大瓣切碎的大蒜，和 1.5 大匙的細碎紅蔥頭，然後加入 2 大匙的新鮮細碎巴西里（荷蘭芹）。
7. 干貝觸感稍有彈性時，就是熟了。立即上桌享用。

Tips 30 ｜出水的問題？

你買的干貝可能泡過鹽水，好讓它看起來較大，但是加熱時，就會出水，導致無法正常地煎煮。如果你直接向魚販購買的話，向魚販要求沒有泡過鹽水的干貝。無論如何，最好先用乾的不沾平底鍋簡單加熱 3 到 4 顆來測試。如果出水，就一小把、一小把地全部加熱過，瀝乾；然後再進行煎炒，但要縮短烹調的時間。煎（泡過的干貝）時流出來的汁液，可以留下來製作魚高湯。

+ **漢堡** 有時候我喜歡原味漢堡,有時候我喜歡加料的。總之,鬆鬆地將肉捏成 5 盎司(約 140 公克)的肉餅,厚度約 0.5 吋(約 1.3 公分)以方便快速的烹調。

原味漢堡 如果我要用平底鍋煎漢堡,我會先在鍋內抹上一點植物油,將鍋子加熱到幾乎冒煙的程度,然後每面約各煎 1 分鐘。我採用基本食譜中的手指測試法。我個人喜歡三分熟(medium rare),就是剛剛開始有一點彈性的時候。

但是與其採用鍋煎做原味漢堡,我比較建議用波浪燒烤盤。輕輕地抹層油,加熱至幾乎冒煙,然後放入漢堡。油會從漢堡中流出,留在烤盤內的凹槽中。

加味漢堡 製作 4 塊漢堡,將 1 顆磨碎的中型洋蔥拌入肉中,加鹽和胡椒,3 大匙的酸奶,0.5 茶匙的混合香料(義大利或是普羅旺斯香料)調味。煎之前,薄薄地拍上麵粉。如基本食譜般,在熱油中將兩面煎黃,然後再製作醬汁。

+ **嫩煎小牛肉片** 用 5 至 6 盎司(約 140 至 170 克)、厚 0.5 吋(約 1.3 公分)小牛排肉(腰內肉或是腿肉)。

  1. 調味,按基本食譜用奶油和植物油將兩面煎上色。煎到五分熟,也就是用手指頭戳略帶彈性。

  2. 用切細碎的紅蔥頭、白酒、一點不甜的馬德拉酒(dry Madeira)或是波特酒,再撒上一點龍蒿製作肉汁醬。

小牛肝和洋蔥

Calf's Liver and Onions

- 4 片小牛肝，每片各 5 盎司（約 140 公克）、厚度 ⅜ 吋（約 1 公分）。
- 3 杯切片洋蔥

1. 用奶油和油慢火炒洋蔥，直到洋蔥變軟且半透明，接著轉大火，讓洋蔥略微上色（褐色），約需數分鐘。將洋蔥盛出備用。

2. 在牛肝下鍋前，先將牛肝調味並輕裹一層麵粉，抖掉多餘粉末。

3. 在鍋中再添一些奶油和油，加熱直到奶油開始泡沫消退時，將牛肝每面煎不到一分鐘；因為之後還會再加熱，最後要以三分熟（medium rare）的熟度上菜。

4. 鍋離火，將炒過的洋蔥鋪在牛肝上面，倒入 0.5 杯紅酒或是不甜的法國苦艾酒。

5. 將 0.5 大匙的第戎芥末醬拌入 ¼ 杯的雞湯，再拌入鍋中，與鍋中液體攪拌均勻。

6. 以中火加熱至小滾，並用醬汁淋在牛肝和洋蔥上，持續 1 至 2 分鐘。

7. 當輕輕按壓牛肝，觸感略帶彈性時，就表示完成了。

Tips 31 │ 要不要拍粉？

在煎之前在食材上拍上薄薄的麵粉，有助於維持肉的形狀，並且能提供一層保護的脆皮。在鍋中就只會有一點或甚至沒有焦糖化的汁液可製作醬汁，所以可能得用煎過的奶油（棕色奶油醬），至於是魚排的話，就採用第 100 頁的醬汁。或者你的肉比較厚，需要比較久的時間烹調，就可以用葡萄酒和高湯小火燉煮一下，那層麵粉會形成較濃稠的醬汁。

法式奶油嫩煎魚排
Fillets of Sole Meunière

4片約0.5吋厚的魚排,每片約5至6盎司(約140至170公克)。

1. 煎魚之前,先以胡椒和鹽調味,沾上麵粉後抖掉多餘粉末。

2. 在鍋中加熱奶油和油,等奶油泡沫開始消退時,放入魚排,每面各煎約1分鐘,直到魚排的觸感略有彈性。不要煎過頭,如果魚排開始散開的話,已經能剝成片狀,就表示煮過頭了。

3. 將魚盛到預熱的熱盤上,撒上1大匙切細碎的新鮮巴西里(荷蘭芹)。

4. 快速地用紙巾將鍋抹乾淨(這樣子麵粉渣才不會留在奶油中,或換一支乾淨的鍋子)。

5. 在鍋中加熱2大匙的無鹽奶油,搖動鍋子直到輕微上色。

6. 鍋子離火,擠入半顆檸檬的汁液,視喜好可加入1湯匙的酸豆,然後將熱奶油醬汁淋在魚排上。

厚豬排

Thick Pork Chops

當肉排厚度超過 0.5 吋時，烹調時間會較長，這意味著有可能在內部煮熟之前，就把外面給燒焦了。你有兩個選擇：

先煎再烤：可以將肉的兩面煎至上色，然後把整個鍋子放入 375°F（約 190°C）的烤箱內完成烹調，這個方法特別適用於牛排、豬排和魚排。

先煎後燉煮：先用大火將肉品兩面煎至上色，然後蓋鍋蓋，讓肉品在本身的汁液中慢燉；這個方法的烹調時間較長。

4 塊約 1¼ 吋（約 3 公分）厚的豬排。

1. 首先進行半小時的乾式醃肉，先在豬排上抹少許鹽和胡椒、多香果粉和乾燥百里香。
2. 將豬排擦乾，兩面煎至上色。
3. 倒入 ¾ 杯的不甜法國苦艾酒，0.5 杯的雞高湯和 2 大匙的細碎紅蔥頭。
4. 蓋鍋蓋小火燉煮，每隔 4 至 5 分鐘就快速淋醬汁一次，直到 5 分熟，肉還略帶粉紅色。最好的檢驗方式就是在靠近骨頭的部位切一刀。
5. 將豬排盛到預熱好的熱盤上，舀出鍋中多餘的油脂。
6. 將剩餘的汁液收煮到濃稠狀，然後淋在豬排上即可。

厚小牛排

Thick Veal Chops

烹調方式如豬排，但是不需要用香料醃過。在小火燉煮的醬汁中，加入一些龍蒿調味會很搭，等湯汁收稠後，最後攪入一點奶油即可。

嫩煎牛菲力

Sauté of Beef Tenderloin

將肉切成 2 吋（約 5 公分）的塊狀，每人份約需 3 塊，或大約 6 盎司（約 170 公克）。

1. 將肉塊拍乾後，放入熱奶油與油中煎數分鐘直到所有表面都上色。直到觸感開始有彈性，內部應保持半生的狀態。
2. 將肉塊移到盤中備用，撒上鹽和胡椒調味。
3. 原鍋倒入 ¼ 杯不甜的馬德拉酒（dry Madeira）或波特酒、0.5 杯的動物性鮮奶油製作肉汁醬（deglaze，溶解鍋底焦香物質，見第 250 頁）。
4. 將肉倒回鍋中。滾煮數分鐘，不斷地用逐漸濃稠的醬汁刷肉。
5. 最後盛入預熱盤中，並且用新鮮的巴西里（荷蘭芹）枝葉做裝飾即可上桌。

嫩煎豬腰內肉

Sauté of Pork Tenderloin

　　烹調手法與牛菲力相同，但是需要像厚豬排那樣先醃過。最後你可能會想要用雞高湯來取代鮮奶油。

編按：雞肉的「白肉」（white meat）是指雞隻運動量較少的部位，主要包括雞胸肉和雞翅肉。這些部位的肌肉含有較少的肌紅蛋白，因此顏色較淺，肉質較嫩且脂肪含量較低。
雞肉的「深色肉」（dark meat）則指雞隻運動量較大的部位，主要包括雞腿（drumsticks）和雞腿肉（thighs）。這些部位的肌肉含有較多的肌紅蛋白，因此顏色較深，肉質相對更為濕潤且富有風味。

白酒煎雞肉

Chicken Sautéed in White Wine

2.5 至 3 磅（約 1.1 至 1.4 公斤）的雞肉塊，4 人份。

1. 用熱奶油與油將雞肉塊的每一面都煎至上色。先取出雞翅和雞胸，因這些部位的烹調時間比較短。
2. 先調味雞腿和雞大腿，蓋上鍋蓋，繼續用中火烹煮 10 分鐘，中途翻面一次。
3. 接著調味白肉＊，放回鍋中。
4. 拌入 1 大匙的切細碎紅蔥頭、2/3 杯雞高湯、0.5 杯不甜的白酒或法國苦艾酒，0.5 茶匙乾龍蒿或普羅旺斯香料（見 Tips 33）。
5. 蓋上鍋蓋，用小火燉煮 5 至 6 分鐘，翻面並用鍋中的湯汁淋在雞肉上，然後繼續煮到肉變軟，總共約需 25 分鐘。
6. 將雞肉塊盛到預熱的大盤子上。
7. 將鍋中的油脂舀出，把湯汁收煮至剩一半。
8. 關火後，攪入奶油使醬汁更濃郁，將醬汁淋在雞肉上即可上菜。

Tips 32 ｜雞肉煮熟了沒？
雞腿和大腿肉的觸感柔軟。當長籤深深地插入雞肉時，流出的汁液是清澈的黃色，如果沒有汁液的話，就是煮過頭了，但是雞肉一定要完全煮熟。

Tips 33 ｜普羅旺斯香料
混合乾燥的碎月桂葉、百里香、迷迭香還有奧勒岡的綜合香料。

+ 變化

+ **普羅旺斯風味** 將白肉放回鍋中後，拌入 2 杯新鮮的番茄漿（見 Tips 21），然後繼續照著食譜烹調。將雞肉取出後，將汁液收到濃稠而且口感細緻，最後小心調整調味。

+ **巴斯克風味雞** 在另一支鍋中，用橄欖油炒 1 杯切片洋蔥直到變軟，然後加入各 1 杯的紅甜椒切片和青椒切片，一大瓣切細碎的大蒜。翻炒約 1 分鐘。和白肉一起加回鍋內深色肉中。

+ **法式家常風味煎雞肉：洋蔥、馬鈴薯、蘑菇** 取出白肉後，加入 3 至 4 個中型的馬鈴薯，每個先切成四塊並且汆燙過，還有 8 至 12 顆珍珠小洋蔥（見第 69 頁表格），和深色肉一起烹煮。按食譜繼續烹調。

將白肉放回鍋中後，拌入 1.5 杯事先炒過的新鮮蘑菇（切四塊），接著完成餘下的烹調步驟。

上火烤
Broiling

上火烤，熱源來自於上方，與熱源來自於下方的下火烤（barbecuing，烤肉架烹調）的方式相反。不過，上火烤的優點是比較容易掌控。

如果你的燒烤爐（烤箱）設備完善的話，可以讓你調整燒烤的溫度，或是改變食物與熱源之間的距離來控制。在某些情況下，你必須燒烤兩面直到食材完全熟透，但是有時候，也可能只要燒烤一面就可以了。

還有一些情況，特別是在處理較大的食材（如對半剖開、攤平的烤蝴蝶雞）時，你會想要先用上火模式將兩面烤至金黃，然後再轉為爐烤模式（roasting，上火加下火）完成烹調，如果你的烤箱可以控制上下火的功能時，就非常地方便。

炙烤並沒有一定的規則，完全取決於你的選擇。以下是一些範例。

編按：上火烤（broiling），本書統一稱之為炙烤。上火加下火烤（roasting），統一稱之為「爐烤」。只要使用到「烤」的烹調方式，若茱莉亞沒有特別說明烤法，或混合兩種以上烤法，統一稱之為「燒烤」。

Tips 34 ｜ 蝴蝶切：如何將雞對半剖開

用強力剪骨剪或剁刀沿著脊骨兩側切開，取出脊骨。將雞攤開，雞皮面朝上，用拳頭輕敲雞胸使整隻雞變平。剪掉雞翅關節處的小骨頭後，將雞翅膀向外折疊。**固定雞腿位置**：在兩側雞胸下方的皮部各切一道約 1.3 公分的開口，然後將雞腿骨末端塞入。

基本食譜

炙烤蝴蝶雞
Broiled Butterflied Chicken

4 人份

- 1 隻 2.5 至 3 磅（約 1.1 至 1.4 公斤）的雞，對半剖開、攤平
- 2 大匙融化的奶油混合 2 茶匙植物油
- 鹽和現磨的胡椒
- 0.5 茶匙乾百里香或是綜合香草

肉汁醬
- 1 大匙切細碎的紅蔥頭或蔥
- 0.5 杯雞高湯和／或不甜的白酒或苦艾酒
- 1 至 2 大匙奶油，讓醬汁變滑順、提升口感

1. 將烤箱預熱至高溫。在整隻雞刷上奶油和植物油混合液，然後皮朝下放在淺烤盤內。

2. 將烤盤放入距離上火約 6 英吋（約 15 公分）的位置。先烤約 5 分鐘，然後快速刷上奶油與植物油的混合液，再烤 5 分鐘。此時表面應該已經漂亮上色；如果還沒有，請調整溫度，或雞肉與熱源之間的距離。

3. 再刷油，這一回用流入烤盤中的肉汁，然後再烤 5 分鐘。

4. 撒上鹽和胡椒調味，將雞肉翻面使皮朝上，並在表面調味。繼續烤，並且每隔 5 分鐘就刷一次烤盤中的肉汁，然後再繼續烤 10 至 15 分鐘，直到雞肉完全熟透（見 Tips 32）。

5. 將雞移到切板上，靜置 5 分鐘。

6. 同時，**製作肉汁醬**：首先必須將烤盤中多餘的油脂舀出。

7. 再將紅蔥頭拌入烤盤中，放在爐火上小火燉煮約 1 分鐘，直到汁液變得濃稠。

8. 拌入奶油讓醬汁更滑順，最後淋在雞肉上即可上菜。

> 與其將雞隻切塊燒烤（雖然簡單但不太特別），或是花上一個多小時燒烤一隻全雞，倒不如採用蝴蝶切法，將雞隻剖開、攤平，不但烹調時間只需一半，而且擺盤效果也相當出色。

+ <u>變化</u>

+ **燒烤大隻雞和火雞** 　燒烤一隻對半剖開、攤平的 6 至 7 磅大隻肉雞或閹雞，或是 12 磅的火雞，所需時間只有烤全雞一半的時間。烤製方法與前面提到的炙烤蝴蝶雞的作法一樣，但在將底部烤至上色，雞皮也開始上色時，就不用上火，而改用上火加下火的爐烤模式（roasting）。

全程可以烤箱完成烹調，我喜歡用 350°F（約 177°C）來烤。一隻 6 至 7 磅重的雞需要 1 小時 15 分鐘，一隻 12 磅的火雞，約需 2 小時。詳見 Tips 35。

Tips 35 ｜燒烤雞和火雞的時間

保險起見，最好多預估 20 至 30 分鐘的烹調時間。

燒烤蝴蝶雞
- 4 至 5 磅（約 1.8 至 2.3 公斤）：45 分至 1 小時
- 5 至 6 磅（約 2.3 至 2.7 公斤）：1 至 1 小時 15 分鐘

燒烤蝴蝶火雞
- 8 至 12 磅（約 3.6 至 5.4 公斤）：1.5 小時至 2 小時
- 12 至 16 磅（約 5.4 至 7.3 公斤）：2 至 2.5 小時
- 16 至 20 磅（約 7.3 至 9 公斤）：2.5 至 3 小時

+ **炙烤春雞** 2 隻春雞，4 人份。

1. 如蝴蝶雞般對半剖開春雞，按基本食譜的作法，但是每面只烤 10 分鐘。
2. 雞在烤時，同時準備類似美乃滋的醬料：用 ⅓ 杯第戎芥末醬，1 大瓣紅蔥頭細末、幾撮乾龍蒿或迷迭香，數滴塔巴斯科辣醬，3 大匙烤盤肉汁攪拌均勻。
3. 將醬料塗抹在雞皮上，然後輕輕按壓一層新鮮白麵包碎。
4. 用剩餘的肉汁刷拭，最後放回烤箱，繼續上火完成烤雞。

Tips 36 ｜現做新鮮麵包碎

每當食譜需要麵包碎時，一定要用新鮮的手工麵包去做。

將麵包皮切除，將麵包切成 1 吋（約 2.5 公分）大小的塊狀，分次放入食物處理機短暫地打時，一次不可超過 2 杯的分量；或是用電動果汁機的話，則每次打 1 杯。可以一次製作很多，然後把暫時用不到的冷凍起來。

炙烤魚排
Broiled Fish Steaks

約 ¾ 吋厚（2 公分左右）。
適用於鮭魚、旗魚、鮪魚、鮭魚、鯊魚、鬼頭刀等。
專注於為魚的表面上色，不需要翻面。

1. 把魚身的水分拭乾，兩面都抹上融化的奶油或是植物油，用鹽和胡椒調味。
2. 放在淺盤中，不要擠在一起。
3. 在魚排的周圍倒入 ⅛ 吋（約 0.3 公分）高的不甜白酒或是苦艾酒，然後送進已預熱的烤箱中，距離上火 2 吋（約 5 公分）的位置。
4. 1 分鐘後，在每塊魚排上刷一點軟化奶油，再擠上幾滴檸檬汁。
5. 繼續烤 5 分鐘左右，或是直到觸感略帶彈性，這樣就已經烤熟，且仍舊多汁。
6. 淋上烤盤中的汁液，即可上桌食用。

+ ## 變化

+ **厚魚排**：1 至 2 吋（約 2.5 至 5 公分）上火烤至漂亮上色，然後放入 375°F（約 190°C）的烤箱內完成。

+ **魚片** 適用於鮭魚、鱈魚、鯖魚、鱒魚。保留魚皮，在烹調時要維持魚片的形狀，同前述的魚排作法。

炙烤羊肉串
Lamb Brochettes

1. 將適合燒烤的部位，如腿肉或是腰內肉*，切成 1.5 吋（約 4 公分）大小的塊狀。
2. 你可以依照 Tips 37 建議將肉塊醃製數小時或醃過夜；
3. 若不醃製，則直接將肉調味並抹油。
4. 將肉串起來，肉塊之間穿一塊方形氽燙過的培根（參見 Tips 58）和一片進口月桂葉。
5. 將肉串排放在抹過油的烤盤上，或夾在烤肉架上。
6. 放在距離上火 2 吋（5 公分）的距離炙烤，每 2 分鐘就翻轉一次，持續幾分鐘，直到以手觸摸肉變得微微有彈性。

編按：腰內肉（loin）位於脊椎兩側的肉，是肉質較嫩的部位。

炙烤牛腹排
Broiled Flank Steak

1. 為了讓肉在烹調時保持形狀，用小而鋒利的刀尖在肉的每一面輕輕劃出網狀紋路，深 ⅛ 吋（約 0.3 公分）的交錯刀痕。
2. 視喜好決定是否要先醃過（醃料見 Tips 37），醃製時間從半小時到 1 至 2 天都可以；也可以直接用鹽、胡椒和少許醬油調味，然後刷上植物油。
3. 放在靠近上火（加熱管）的位置，每面各烤 2 至 3 分鐘，直到觸摸時感覺肉開始變得有彈性，這是三分熟（medium rare）的程度。
4. 上菜前，將肉片斜切成薄片，記得要逆著肉紋切。

編按：牛腹接近後腿的部位，又稱「腹脅肉」。

炙烤漢堡肉
Boiled Hamburgers

1. 前置作業同煎漢堡肉，但是省略拍上麵粉（見第 98 頁）。

2. 刷上植物油，放在距離上火很近的位置，每面烤 1 至 2 分鐘，肉剛開始變得有彈性時為三分熟（medium rare）。

3. 可以在上面放上一點調味奶油（見 Tips 42）。

Tips 37 ｜檸檬香草醃料：適用於羊肉與牛肉

這是基本配方，你可以隨需要加以變化。每 2 磅的肉，將以下材料混合在碗中：2 大匙新鮮現榨的檸檬汁、1 大匙醬油和 1 茶匙磨碎迷迭香，百里香，奧勒岡或是普羅旺斯綜合香料（參見 Tips 33），2 大瓣蒜泥和和 ¼ 杯的植物油。

Tips 38 ｜食用油：可用於烹調、調味和沙拉醬汁

採用新鮮、無特殊味道的油作為烹調用油，例如，清淡橄欖油、芥花油或是其他的植物油。

用於調味或是生菜沙拉醬汁的橄欖油，可以清淡或是果香濃郁，現在因為上好的橄欖油已成身分地位的象徵，有些標示「特級初榨」的橄欖油價格可能會貴得嚇人。建議你可以自己品嘗測試，以找出適合自己的品牌。

注意：EVOO 在現代烹飪術語中，指的是「特級初榨橄欖油」（extra virgin olive oil）。

炙烤蝴蝶切去骨羊腿
Butterflied Leg of Lamb

1. 烹調前一天或是半小時前，先修整羊腿，將多餘的脂肪修除，將皮朝下攤開。在兩片較大的肉瓣上縱向劃開，攤平使肉的厚度均勻。

2. 在肉的內側刷上醃料（見 Tips 37），或是用鹽、胡椒和迷迭香或普羅旺斯綜合香料（見 Tips 33）調味，最後兩面（肉與皮）都刷上油。

3. 上火：放在距離上火 7 至 8 吋（約 18 至 20.5 公分）的位置，每面炙烤約 10 分鐘即漂亮上色，期間要不時刷油。（上色可以提前 1 小時完成，詳見 Tips 39）

4. 上火加下火：放入預熱至 375°F（約 190°C）的烤箱，爐烤 15 至 20 分鐘，當肉溫計顯示 140°F（約 60°C）時，即為三分熟（medium rare）。

5. 在切肉之前，要讓肉靜置 10 至 15 分鐘，好讓肉汁均勻地分布在肉內。

Tips 39 ｜ 提前燒烤較大塊的肉類
針對較大塊的肉類，像是對剖的蝴蝶烤雞、去骨蝴蝶切羊腿或豬腰內肉，可以預先進行將肉的表面烤上色的前置處理。
完成炙烤上色後，要略微覆蓋，放置在室溫下，稍後再完成烹調。

Tips 40 ｜ 乾香草醃料：適用於豬肉、鵝肉和鴨肉
將以下研磨香料混合在有螺旋蓋的玻璃罐中，每磅肉使用半茶匙香料。約可製作 1 又 ¼ 杯份量：各 2 大匙的丁香粉、荳蔻皮粉、肉豆蔻粉、匈牙利紅椒粉、百里香粉和進口月桂葉；各 1 大匙的多香果粉、肉桂粉和香薄荷粉，和 5 大匙的白胡椒粒。

燒烤蝴蝶切豬腰肉

Roast/Broiled Butterflied Pork Loin

8 人份需 3.5 磅（約 1.6 公斤）的無骨豬腰肉。須先爐烤至接近全熟，然後置於上火下方，完成最後的上色，並將皮炙烤到酥脆。

1. 可以請肉店先幫你處理好腰內肉，或運用「炙烤蝴蝶切去骨羊腿」的步驟 1，將肉進行蝴蝶切。
2. 修除多餘脂肪，但是在上面要留下 ¼ 吋脂肪。
3. 在肉厚的部分縱向劃出 ¼ 吋深的刀痕，使厚度均勻。
4. 讓肉攤得更平，然後抹上乾香草醃料（見 Tips 40）或是抹上鹽、胡椒、多香果和碎月桂葉。
5. 在肉上抹油，覆蓋住然後放入冰箱內冷藏過夜。
6. **上火加下火**：油脂面朝上，用 375°F（約 190°C）爐烤約 1 小時，直到肉溫計顯示 140°F（約 60°C）。
7. 上桌前半小時，在油脂面上劃出裝飾的格紋，抹 0.5 大匙左右的粗鹽。
8. **上火**：置於烤箱的加熱管下方，慢慢炙烤上色，直到內部溫度達 162°F 至 165°F（約 72°C 至 74°C）。

Tips 41 ｜鹽的分量

一般而言，在液體中鹽的分量是每夸特（946ml）加 1.5 茶匙。
在生肉上，則是每磅肉 ¾ 至 1 茶匙。

Tips 42 ｜調味奶油（適用於烤肉、魚和雞）

要製作標準的調味奶油（maître d' hôtel，法式香料奶油），數滴檸檬汁攪打入一條軟化的無鹽奶油中，再加各 1 茶匙的細碎紅蔥頭和巴西里（荷蘭芹），再依口味加入鹽和胡椒調味。其他可選的添加配料，包括蒜泥、鯷魚醬、第戎芥末醬、細香蔥或其他香草。可以多做一些，捲成香腸形狀，包起來放入冷凍，需要時即可隨時取用。

爐烤
Roasting

爐烤（roasting，或稱烘烤）或是烘焙（baking），就是將食物放在烤箱中烹調，通常使用開放式烤盤，有時候會加蓋，但不加入液體。加入液體烤製的正式說法是燜（braising），或是燉（stewing）。

燒烤無疑是烹調全雞或整隻火雞、特級牛肋排、羊腿等最簡便的烹調方式了。所幸，烤肉就是烤肉，基本作法差不多都一樣。請給自己預留充足的時間。

開始烹調之前，一定要先將烤箱預熱至少 15 分鐘，然後在預估完成燒烤前 10 至 15 分鐘內，就要快速地用即時肉類溫度計測量肉的內部溫度 *。

要記住，燒烤好的肉在切片之前，必須靜置 15 至 20 分鐘，讓熱騰騰、噴發的肉汁能夠均勻地回流至肉中。大塊烤肉在切片前至少可以保持溫熱 20 分鐘，所以請據此安排時間。

注意：本書中所有的燒烤時間都是為傳統烤箱而設定。

編按：肉類溫度計或烹飪溫度計是用於測量肉類（尤其是烤肉、牛排等，和其他熟食）內部溫度的溫度計，本書簡稱肉溫計。當茱莉亞在食譜中提到內部溫度，即指「使用肉溫計量測（烤肉等熟食）內部的溫度」。

基本食譜

爐烤肋眼牛排
Roast Prime Ribs of Beef

3 條重 8 磅（約 3.6 公斤）的肋骨，6 至 8 人份。
燒烤時間：以 325°F（約 163°C）燒烤 2 小時，可達成三分熟（medium rare），
肉內部溫度達 125°F 至 130°F（約 52°C 至 54°C，每磅需時約 15 分鐘）

- 1 大匙植物油
- 鹽和現磨胡椒

肉汁醬
- 各 0.5 杯胡蘿蔔塊和洋蔥塊
- 0.5 茶匙乾百里香
- 0.5 杯切碎的新鮮小番茄
- 2 杯牛湯

1. 將烤箱預熱至 325°F（約 163°C）。
2. 將烤肉暴露在外的表面抹上油和撒上鹽。
3. 肋骨面朝下放在烤盤上，置於預熱過的烤箱下層三分之一處。
4. 半小時後，用流出的肉汁刷在烤肉兩端；將胡蘿蔔塊和洋蔥塊灑入烤盤內，並以累積的油脂刷拭。
5. 繼續燒烤，再刷油 1 至 2 次，直到較粗的一端內部溫度（運用肉溫計測）達到 125°F 至 130°F（約 52°C 至 54°C）。
6. 將烤肉取出。把烤盤中的油脂舀掉。
7. 拌入百里香和番茄，刮起凝結於烤盤的肉汁。
8. 倒入牛湯攪拌，煮沸數分鐘以濃縮味道。
9. 調整調味，將肉汁過濾後倒入溫熱的醬汁壺中。

爐烤紐約客牛排

Roast Top Loin (New York Strip) of Beef

一塊無骨、立即可烤的 4.5 磅（約 2 公斤）紐約客牛排，8 至 10 人份。

燒烤時間：1 小時 15 分至 1.5 小時

1. 先以 425°F（約 218°C）爐烤 15 分鐘，
2. 溫度調降為 350°F（177°C），烤至內部溫度達 120°F（49°C）為兩分熟，125°F（52°C）是三分熟。

   （肉的圓周決定燒烤時間，因此所有長度的烤肉時間都差不多，最終依重量決定）

3. 兩端抹上鹽和油，然後油脂面朝上放在抹過油的烤架上，烤至一半時，在烤盤撒入 0.5 杯的洋蔥塊和胡蘿蔔塊。
4. 按照基本食譜（第 113 頁）步驟 7 至 9 的方法製作醬汁。

Tips 43 │ 爐烤牛肉至三分熟的時間（內部溫度 125°F 至 130°F）

- 5 根肋骨　12 磅　／　12 至 16 人份　／　325°F（約 163°C）約需 3 小時
- 4 根肋骨　9.5 磅　／　9 至 12 人份　／　325°F（約 163°C）約需 2 小時 20 分鐘
- 3 根肋骨　8 磅　／　6 至 8 人份　／　325°F（約 163°C）約需 2 小時
- 2 根肋骨　4.5 磅　／　5 至 6 人份　／　450°F（約 230°C）烤 15 分鐘，調溫至 325°F（約 163°C）烤 45 分鐘

Tips 44 │ 爐烤牛肉：內部溫度與每磅牛肉所需的時間

- 二分熟（rare）　　　　120°F（約 49°C），每磅 12 至 13 分鐘
- 三分熟（medium rare）　125 至 130°F（約 52°C 至 54°C），每磅 15 分鐘
- 五分熟（medium）　　　140°F（約 60°C），每磅 17 至 20 分鐘

爐烤牛菲力

Roast Tenderloin of Beef

一塊無骨、立即可烤的 4 磅（約 1.8 公斤）嫩牛里肌，6 至 8 人份。

燒烤時間：400°F（約 204°C）爐烤 35 至 45 分鐘，

內部溫度達：120°F（約 49°C）是二分熟，

125°F（約 52°C）是三分熟。

1. 烤之前，用鹽略微調味，再刷上澄清奶油。
2. 將肉放在烤箱上層三分之一處；每 8 分鐘就迅速地翻面，並用澄清奶油刷過。
3. 醬汁的建議詳見 Tips 45。

Tips 45 ｜簡單辣根醬（尤其適用於烤牛肉）

在 5 大匙的瓶裝辣根醬（horseradish）中，打入 2 大匙的第戎芥末醬。拌入約 0.5 杯的酸奶，以鹽和胡椒調味。

爐烤羊腿
Roast Leg of Lamb

一支 7 磅（約 3.1 公斤）重的羊腿，去除臀部和腰肉後，約重 5 磅（約 2.3 公斤），可供 8 至 10 人份。

燒烤時間： 在 325°F（約 163°C）溫度下，爐烤約 2 小時。
內部溫度達： 140°F（約 60°C）時，為三分熟（medium rare）；
125°F 至 130°F（約 52°C 至 54°C）時為兩分熟（rare）；
120°F（約 49°C）為一分熟（blood rare）。

1. 爐烤之前，在羊腿上戳約十幾個切口，塞入大蒜切片，然後在表面上刷油，或是抹上一層芥末（詳見 Tips 48）。

2. 如基本食譜所述之預熱烤箱與步驟，油脂面朝上，每隔 15 分鐘就動作快速地用流入烤盤內的汁液刷肉。

3. 1 小時後，撒上半杯的切碎洋蔥和數大瓣壓碎但不去皮的大蒜。

4. 依基本食譜製作醬汁，加入半茶匙的迷迭香和 2 杯的雞高湯。

5. 其他的參考作法，詳見 Tips 46。

進口羊腿（紐西蘭、冰島等地）
Imported Legs of Lamb

這些羊腿比美國羊腿要來得小、年輕而且軟嫩。可以像前述一樣用 325°F（約 163°C）燒烤，每磅須時 25 分鐘，或是因為比較軟嫩，可以用 400°F（約 204°C）燒烤，估計花費時間在 1 小時之內。

Tips 46 ｜簡單的羊肉醬汁

1 將羊的臀骨和尾骨（如有其他羊骨或碎肉也可加入）剁碎或鋸成 0.5 吋（約 1.2 公分）的小塊。
2 與切碎的胡蘿蔔、洋蔥和西洋芹梗，一起在厚平底鍋內，以少許油煎炒至上色。
3 撒上 1 大匙的麵粉，並持續炒到上色，攪拌 1 至 2 分鐘。
4 加入 1 顆切碎的小番茄，1 片進口月桂葉和 1 大撮迷迭香，再倒入足以覆蓋住材料的雞湯和水。
5 蓋上鍋蓋留縫，小火燉煮兩小時，視需要補充液體。
6 過濾、去油脂（見第 251 頁），然後滾煮將汁液收到味道濃縮。
7 加上 0.5 杯的不甜白酒即可製作肉汁醬（見第 250 頁，洗鍋收汁）。

簡單的一般肉類和禽肉類醬汁　依照上述基本方法，也可以製作其他的肉類和禽類的醬汁上，視情況使用牛骨或家禽骨架和碎肉，搭配不同香料，並視需求改用牛肉湯代替雞湯。

波特和馬德拉醬汁　採用完全相同的製作方法，只需以不甜的波特酒或是馬德拉酒來取代不甜的白酒。

Tips 47 ｜羊腿注意事項

無論你購買整隻羊腿、腿肚部分或是上腰脊肉部分，燒烤方式都相同。髖骨和尾骨已被切除的羊腿，比較好切。除非你確定羊肉已經過適當的熟成，否則不要購買超過 7.5 磅重的整隻羊腿，因為可能會過於韌硬不好食用。

爐烤法式羊肋排

Rack of Lamb

兩副羊肋排約 4 至 5 人份，每人約 2 至 3 根。（譯注：一副約 7 至 8 根肋骨）

1. 如果你的羊肋排尚未經過法式處理*，就要自行刮除肋骨間和骨頭上的肥肉與筋膜。

2. 在肋排肥肉的一面輕輕劃痕，然後抹上一層芥末醬（見 Tips 48）。

3. 用 500°F（約 260°C）爐烤約 10 分鐘。

4. 然後撒上約半杯的新鮮麵包碎（見 Tips 36），並淋上少許融化的奶油。

5. 再爐烤 20 分鐘左右，或烤至內部溫度達 125°F（約 52°C）即為兩分熟（red rare），三分熟（medium rare）需再烤久一點，溫度達 140°F（約 60°C）。

6. 靜置 5 分鐘後再切成單根肋排。

> **Tips 48 ｜香草蒜味和芥末糊**
>
> 1. 將 ⅓ 杯的第戎芥末醬、3 瓣蒜泥、1 大匙醬油、半茶匙的迷迭香末和 3 大匙的清淡橄欖油，打成如美乃滋狀的醬。
>
> 2. 抹在整隻羊腿上，醃半小時，或覆蓋保鮮膜放入冰箱內，冷藏醃製數小時或過夜。
>
> 3. 如果使用這款醬料，就不需要在烤的過程另外刷油，且幾乎不會產生烤肉汁。
>
> 如有需要，可以參考 Tips 45 與 Tips46 另外製作醬汁。

編按：又稱法式修飾（frenched），露出一段骨頭使肋排更容易拿取，方便食用並且兼具視覺效果。

爐烤豬腰肉

Roast Loin of Pork

製作 4 磅重的無骨烤肉，8 至 10 人份。
燒烤時間：350°F（約 177°C）須 2 小時 15 分鐘或 2 個半小時，
至內部溫度達 160°F（約 71°C）。

1. 使用腰內肉的中段，對折後油脂面朝外綑綁起來，製作成圓周約 5 吋（約 13 公分）的爐烤肉。

2. 極力推薦 Tips 40 的香草醃料。

3. 使用時，將綁肉繩解開，整塊肉塗抹上香草醃料，每磅肉需 ¼ 茶匙。

4. 在油脂面上輕劃出刀痕，再重新綑綁起來。覆蓋後放入冷藏 1 小時，最長可醃至 48 小時。

5. 送入烤箱內進行爐烤，偶爾像基本食譜那樣刷油，烤 1.5 小時後，

6. 在烤盤內撒入各半杯的碎胡蘿蔔、洋蔥，和 3 大瓣帶皮、壓碎的大蒜。

7. 按基本食譜準備醬汁，或準備波特酒醬汁（見 Tips 46）。

+ 變化

+ **爐烤新鮮火腿（新鮮豬腿）** 一塊 7 至 8 磅（約 3.1 至 3.6 公斤）無骨腿肉，20 至 24 人份。

   燒烤時間：總共約 3.5 小時。先以 425°F（約 218°C）烤 15 分鐘，之後轉為 350°F（約 177°C），直到內部溫度達到 160°F（約 71°C）。

   建議燒烤前先醃製：解開豬腿的綁繩，抹上豬腰肉食譜建議的醃料，醃製兩天後，再重新綁好。

1. 幫肉表面上色：先以 425°F（約 218°C）爐烤 15 分鐘後，
2. 沒有油脂覆蓋的部位，以 8 至 10 條汆燙過的培根條（見 Tips 58）覆蓋以保護肉質。
3. 如豬腰肉食譜，繼續以 350°F 烤，
4. 烤 2.5 小時後，加入蔬菜。
5. 最後的半小時移除培根條。
6. 這道菜非常適用波特酒醬汁（見 Tips 46）。

Tips 49 ｜燒烤燻火腿和肩肉

買回來的時候就已經是全熟或半熟的狀態了。依據標籤上的說明燒烤。我傾向於用酒燴煮，如第 135 頁「紅酒燉牛肉」的作法。

肉餅

Meat Loaf

　　不管是自由塑形或是放入吐司烤模中爐烤，肉餅絕對是大家都愛的美食，一如它的法式表親「肉派」（pâté）。因為兩者非常接近，我認為兩者不過是彼此的變化形式而已。以下是我最喜歡的兩道食譜。

牛肉和豬肉餅

Beef amd Pork Meat Loaf

2 夸特（約 2 公升）大小、可供 12 人份。

1. 用 2 大匙油將 2 杯切細碎洋蔥炒至軟化透明，轉大火炒至略微上色。

2. 將洋蔥放入大碗中，加入 1 杯新鮮的麵包碎（見 Tips 36）、2 磅（900 克）絞牛翼板肉、1 磅（450 克）的絞豬肩肉、2 顆蛋、半杯牛湯、⅔ 杯磨碎巧達起司、1 大瓣蒜泥、2 茶匙鹽、半茶匙胡椒，各 2 茶匙的百里香和匈牙利紅椒粉，各 1 茶匙的多香果粉和奧勒岡，拌在一起。

3. 可先炒一小匙來試味道。

4. 將攪拌好的肉餡倒入抹過奶油、2 夸特容量的吐司烤模中，上面再放上兩片進口月桂葉。

5. 以 350°F（約 177°C）烤約 1.5 小時，直到肉汁呈現幾乎清澈的黃色，肉餅的觸感略帶彈性。

6. 配上番茄醬（見 Tips 22）一同熱食，或是放涼後冷藏。

法式鄉村肉派

french-style country pâté

6 杯量的吐司麵包烤模，8 人份。

1. 用 2 大匙奶油炒 ⅔ 杯細碎洋蔥，直到變軟、透明。

2. 並與 1¼ 磅（約 680 克）的豬香腸肉，¾ 磅（約 340 克）的絞雞胸肉，半磅的豬肝或是牛肝，1 杯新鮮的麵包碎（見 Tips 36），1 顆蛋，⅓ 杯山羊乳酪或是奶油乳酪，1 瓣大蒜泥，3 大匙甘邑，1 大匙鹽，各 ¼ 茶匙的多香果粉、百里香粉、進口月桂葉和胡椒粉，充分拌勻。

3. 炒 1 湯匙以試調味。

4. 放入抹過奶油的吐司烤模內，蓋上烘焙紙和錫箔紙。

5. 放入加有滾水的大烤盤中，烤 1 小時 15 分鐘或 1 個半小時，直到肉汁幾乎是淺黃色。

6. 靜置一個小時，然後在上面放上一塊砧板或是同大小的烤盤，再用 5 磅（約 2.3 公斤）的重量（如罐頭）壓上。

7. 待涼後，覆蓋冷藏熟成 1 至 2 天，味道充分融合，風味更佳。

爐烤全雞
Roast Chicken

一隻 3.5 至 4 磅（約 1.6 至 1.8 公斤）的雞，4 至 5 人份。
燒烤時間：1 小時 10 至 20 分鐘，先用 425°F（約 218°C）烤 15 分鐘，然後改用 350°F（約 177°C）繼續烤，至內部溫度達 170°F（約 76°C）。

1. 烤之前，用熱水快速清洗雞隻並徹底擦乾。

2. 為了之後方便分切，可以先取出雞胸叉骨 *。

3. 用鹽和胡椒調味雞腔內部，視喜好在裡面塞上一顆切成薄片的檸檬、一小顆洋蔥和一小把芹菜葉。

4. 在雞的全身表面輕灑鹽巴，並塗抹軟化奶油。

5. 將兩支雞腿尾端綁在一起，然後將雞胸架在抹過油的 V 形烤架上（或是將兩支雞翅叉開，然後放在抹過油的平架上）。

6. 在預熱好的烤箱中，高溫烤 15 分鐘後（上色），將溫度調至 350°F（約 177°C），快速地用流入烤盤內的肉汁刷在雞上面，

7. 然後每隔 8 至 10 分鐘就快速淋刷一次。

8. 烤半小時後，在烤盤內撒上各半杯的碎胡蘿蔔和洋蔥，並且要用汁液刷過。

9. 等到雞烤好後（見 Tips 50），採用基本食譜中的方式製作醬汁。

編按：雞胸叉骨（wishbone），雞胸前的 Y 字形骨頭。

警告：生雞肉內可能含有有害病菌，要記得清洗所有和生雞肉接觸過的器具和表面。

+ 變化

+ **爐烤春雞** 每隻約 1 磅（約 450 克）重。準備方式如同烤全雞，但要在 425°F（約 218°C）的烤箱內烤 35 至 45 分鐘，期間要用滴下的肉汁刷數次。

+ **爐烤火雞** 估計每人份為 0.5 磅，或是每份 1 磅（含餘食）。

以 325°F（約 163°C）上下火爐烤，關於高溫燒烤，可參見 Tips 55。

燒烤時間（沒有填餡料的火雞）：
- 12 至 14 磅（約 5.4 至 6.4 公斤），約需 4 小時；
- 16 至 20 磅（約 7.3 至 9 公斤），約需 5 小時；
- 20 至 26 磅（約 9 至 12 公斤），約需 6 小時。

（有填料的火雞，則須再多加 20 至 30 分鐘。）

內部溫度：
- 腿部最厚的部位 175°F（約 80°C）；
- 雞胸則是 165°F（約 74°C）；
- 填料的中央是 160°F（約 71°C）。

填料 每磅火雞肉，需要 0.5 至 ¾ 杯，所以，14 至 16 磅（約 6.4 至 7.3 公斤）重的火雞，需要大約 2 至 2.5 夸特的填料。

老實說，我個人比較喜歡像爐烤全雞那樣在腔內加入調味料，而不是填餡料，我自己會將填料分開烹煮。

用火雞脖子和碎肉製作雞高湯，方法如清雞高湯（詳第 20 頁）。

留下來的肝、心和胗等下水料，都可以用來製作調味肉汁（見 Tips 54）。

爐烤火雞前的準備工作 包括把胸叉骨取出；切掉翅膀關節處的小骨頭；將雞脖子皮和背骨用烤肉細叉穿在一起；用細叉或縫線將屁股附近的開口封住，或用錫箔包覆。

1 用鹽和植物油抹在火雞全身。
2 雞胸部朝上放在抹過油的架子上，每隔 20 分鐘就快速用汁液刷一遍。
3 在估計完成前 20 分鐘，開始快速地測試是否完成：要注意，火雞確切烤好的指標，就是當汁液開始流入烤盤時。

警告：切勿提前填餡火雞，因為填料可能會在火雞體內變酸變質，你就得跟美好的感恩節假期說拜拜了。

Tips 50 ｜雞烤好了沒？

當肉溫計插入雞大腿和雞胸之間的部位，溫度到達 165 至 170°F（約 74°C 至 76°C），然後腿關節能夠轉動，雞腿最厚的部位觸感有彈性時，長籤深深插入時流出的汁液是透明的黃色；當你將雞立起來，從裡面流出來的每一滴汁液都是清澈的黃色，雞就烤好了。

Tips 51 ｜下水：雞肝、雞胗和脖子

利用內臟和雞脖子製作清雞高湯。將雞肝塞入雞內，和雞一起烤，或是保存在冷凍櫃中，留做炒雞肝或是法式鄉村肉派食材。

Tips 52 ｜爐烤雞肉所需時間

從 45 分鐘開始起跳，每磅雞肉加 7 分鐘。換句話說，一隻 3 磅重的雞，基本上需要 45+21（7×3）分鐘，等於是 66 分鐘，或是約略比 1 小時多一點。

Tips 53 ｜解凍火雞：
不要將火雞從原包裝中取出

放在冷藏室內解凍，一隻 20 磅（約 9 公斤）的火雞需要 3 至 4 天，放入裝滿水的水槽內，則需要 12 個小時。

Tips 54 ｜下水調味肉汁

1. 依照肉類和禽類的簡單肉汁（見 Tips 46）的製作程序，將切碎的火雞脖子和下水煎炒至上色。
2. 剝除火雞胗的外皮後與其他食材一起滾煮，大約 1 小時或胗變軟後即可取出、切細碎。
3. 用奶油快速炒心和肝，切碎後和切碎的胗一起加入肉汁中，再小火燉煮數分鐘，
4. 視喜好加入一湯匙的不甜波特酒或是馬德拉酒。

Tips 55 ｜高溫燒烤

就我的方式，你可以先從 500°F（約 260°C）開始烤，然後在 15 至 20 分鐘後，等到肉汁開始有點燒焦時，將溫度降到 450°F（約 230°C）。

將切碎的蔬菜和 2 杯水加入烤盤內，視需要不時添加入些許水分，以防止燒焦和冒煙。

如此，烤 1 隻 14 磅（約 6.4 公斤）的火雞大約只需要 2 小時，而非 4 小時的時間。

高溫會燒烤出一隻呈現金黃色而且多汁的火雞，但是這麼高溫的烤箱很難掌控，我認為較慢、較長時間的燒烤，烤出來的雞肉比較嫩。

蒸烤鴨
Steam-Roasted Duck

這是我最喜歡的食譜之一，不但可以去除過多的油脂，而且還會得到美味的胸肉、軟嫩的大腿肉和美麗焦脆的鴨皮。

注意：在第二步驟（也就是燉煮步驟）完成後，可以相隔一小時左右，再進行最後一道燒烤。

一隻 5 至 5.5 磅（約 2.3 至 2.5 公斤）的鴨子，4 人份。

1. 取出胸叉骨，並在肘關節處剁掉鴨翅。
2. 將鹽抹在鴨的內部，並以切開的檸檬抹鴨的內部和外部。
3. 鴨胸朝上放在烤架子上，置於一個有蓋的重型砂鍋中，鍋中加入 1 吋（約 2.5 公分）深的水；加蓋，放在爐火上蒸 30 分鐘。
4. 將鴨子瀝乾，倒出蒸煮的液體（去油後可留作高湯）。
5. 用錫箔包覆烤架，鴨胸朝下放在烤架上。周圍撒上各半杯切碎洋蔥，胡蘿蔔和芹菜，倒入 1.5 杯的紅酒或白酒。
6. 蓋緊鍋蓋煮至微滾後，移到 325°F 的烤箱內，燜煮 30 分鐘。
7. 最後，鴨胸朝上放在淺烤盤的烤架上，以 375°F（約 190°C）烤 30 至 40 分鐘，直到鴨腿變得相當嫩軟為止。此時鴨皮會呈現漂亮的金棕色而且酥脆。
8. 同時，將燜鴨的汁液去油（詳見第 251 頁），將裡面的蔬菜搗得爛碎，快速滾煮直到變稠。過濾，就會得到足夠讓每份鴨肉濕潤的芬芳醬汁。

蒸烤鵝

Steam-Roasted Goose

一隻 9.5 至 11 磅（約 4.3 至 5 公斤）的鵝，8 至 10 人份。

1. 基本上，採用和鴨子一樣的手法，但是用一支金屬籤，穿過鵝的肩部，以固定翅膀，

2. 另外一根籤穿過臀部，固定雙腿，然後再將雙腿腳跟部位緊靠著屁股，綁起來。

3. 要去除油脂，就在腿上和胸部下方的皮上戳幾個洞。

4. 估計胸朝上蒸的時間約 1 小時，在烤箱中燜煮約須 1.5 至 2 小時，然後 30 至 40 分鐘進行最後的上色燒烤。

5. 製作燜汁的方式和烤鴨一樣，但是用 2.5 杯的葡萄酒或是雞高湯。

6. 滾煮到最後時，可視喜好加入 1.5 大匙玉米澱粉，再加入半杯的不甜波特酒，再煮幾分鐘使其濃稠。

爐烤全魚
Roast Whole Fish

針對鱸魚、竹筴魚（bluefish）、嘉魚、鱈魚、鯖魚、鮭魚、鱒魚以及其他。這是烹調大型全魚最簡單也是最容易的方式了，單靠它自己的汁液就可以烤得很美味。

烤箱溫度 400°F（約 200°C），烤全魚的時間：
6 至 8 磅（約 2.7 至 3.6 公斤），需時 35 至 45 分鐘；
4 至 6 磅（約 1.8 至 2.7 公斤），需時 25 至 30 分鐘；
2 至 4 磅（約 0.9 至 1.8 公斤），需時 15 至 20 分鐘。

1. 刮除鱗片、清除內臟，取出魚鰓，用剪刀修剪魚鰭。

2. 在魚身內部撒上鹽和胡椒，塞入一把新鮮的巴西里（荷蘭芹）或是蒔蘿。

3. 用植物油刷在魚的表面，放在抹過油的烤盤上。

4. 放入預熱的烤箱內中間，烤到你可以聞到流出的汁液，這就是魚熟了的訊號。

5. 此時，可以輕鬆地拔掉背鰭，內部也不會帶有任何血色。

6. 佐以檸檬、融化的奶油和奶油醬汁（見第 100 頁步驟 5 與 6）或是荷蘭醬（見第 36 頁）。

+ 變化

+ **較小、較嫩的魚，如鱒魚或是小鯖魚**　在 425°F（約 230°C）的烤箱內，每磅的魚需烤 15 至 20 分鐘。一如前述般地將魚處理好，刷上油或融化的奶油。爐烤前拍上麵粉、抖掉多餘麵粉，然後放在抹過油的烤盤上。

燉、燜和白煮
Stewing, Braising, and Poaching

食材在液體中烹煮時，可分為燉（stewing）、燜（braising，或稱燴、紅燒）或白煮（poaching，水煮）三種方式。

第一種，也是最簡單的就是燉，最典型的就是法式家常火鍋，把肉和蔬菜放入大鍋中一起煮。

燜，則較為精緻，因為要先將肉類煎至上色（browning，表面金黃或褐色），再加入香味十足的液體烹煮，經典代表就是法式紅酒燉牛肉。

白煮適用於比較鮮嫩的食材，像是用白酒煮鰈魚片，只需少量液體以最小的火力微微煮沸即可。

燉
Stewing

基本食譜

法式家常火鍋
Pot au Feu Boiled Dinner

8 人份

烹調時間：2 至 4 小時，不需要顧著鍋。

- 2 夸特（約 2 公升）牛高湯（見第 21 頁，若你打算自製高湯，牛肉可以一同煮起來），或是採用高湯塊加水
- 增添風味（隨喜好）：任何生的或熟的牛骨或碎牛肉
- 1 大把香料束（見 Tips 56）
- 香味蔬菜＊，約略切塊：3 大根去皮胡蘿蔔、3 大顆去皮洋蔥，1 大根清洗過的青蒜、3 大根帶葉芹菜梗
- 約 5 磅（約 2.3 公斤）去骨適合燉煮的牛肉（或相當分量的帶骨肉），如後腿肉、頸肉、翼板肉、前胸肉、牛小排，單一或混合皆可。
- 裝飾蔬菜建議：可以採取以下任何或是所有的蔬菜：各 2 至 3 塊的蕪菁、防風根、胡蘿蔔，珍珠洋蔥（以上見第 69 頁）、高麗菜瓣（見第 66 頁）、水煮馬鈴薯（見第 82 頁）。

編按：香味蔬菜（aromatic vegetables），或稱芳香蔬菜、香料蔬菜，指本身帶有特殊香氣的蔬菜，除了茱莉亞在食譜中所使用的，還有辛香類如蔥薑蒜、香菜、茴香、青椒等。特別的是，調味爛菜（mirepoix，Tips 25）是法式料理中最基本且重要的香味蔬菜組合，洋蔥、胡蘿蔔、芹菜，是料理的香味基底。

1. 在大鍋中將加入香料束、香味蔬菜的高湯（可加入更多的骨頭和碎肉）煮沸。

2. 同時，用白色棉繩將肉綑綁成整齊的形狀，放入鍋中，視情況加入更多的水，水位須高於食材1吋（約2.5公分）。

3. 煮至微滾，撈去表面浮渣，然後加蓋留縫隙，小火燉煮，直到能輕易地用叉子穿透肉塊，可切一塊下來嘗嘗以確認。

4. 如果有些部位先熟，可先取出放在碗內，用一點湯汁覆蓋住。

5. 等到肉完全煮好，從鍋中取出，將煮肉的湯汁過濾、去油，調味後，再將肉和湯汁一起放回鍋中。在上桌前，這道燉肉可以保溫一小時後再上菜，或是可以加蓋留縫重新加熱後食用。

6. 同時，用另一只鍋，以一些煮肉的湯汁分開烹煮你選擇的蔬菜。

7. 準備上菜時，將蔬菜的煮汁倒入醬汁鍋中，然後加入適量的煮肉湯汁，去製作濃郁的醬料，以搭配這道法式火鍋一起食用。

8. 將肉切片，周圍擺上蔬菜，淋上步驟7，若有餘則可倒入醬汁壺上桌。

9. 視喜好，可以搭配法式酸黃瓜、粗鹽和辣根醬（見 Tips 45）。

Tips 56 ｜香料束

製作大型香料束，將8根巴西里（荷蘭芹）枝葉，1大片進口月桂葉，1茶匙乾燥的百里香，4粒丁香或是多香果，以及3大拌壓碎帶皮的大蒜，放入清洗乾淨的棉布袋中。有時候，不應放入大蒜，則可以用西洋芹葉以及／或是切開的青蒜取代。

+ 變化

+ **其他肉類**　在燉煮時,可以加入或替換其他肉類,例如,豬肩肉、小牛肉或波蘭香腸。也可以選用優質的燉湯雞,可以和牛肉一起燉煮,或是分開烹調。若分開烹調,則可使用雞高湯來取代牛高湯。

+ **燉小牛肉**　4 至 5 磅(約 1.8 至 2.3 公斤)特殊飼養的粉紅色小牛肉,切成 2 吋(約 5 公分)大小的塊狀(混合去骨和帶骨的肩肉、腱子肉、頸肉和胸肉),6 人份。

燉煮時間:約 1.5 小時。

1. 汆燙:將小牛肉在大鍋水中,以小火燉煮 2 到 3 分鐘,至不再有浮渣出現。瀝乾。
2. 將肉和鍋清洗乾淨,將肉重新放回鍋中,倒入小牛、雞或火雞高湯(見第 20 頁),或罐頭雞湯加水,直到高出食材半吋(約 1.3 公分)。
3. 加入各 1 顆大型去皮切碎的洋蔥與胡蘿蔔,1 大根切碎的西洋芹梗,和 1 小束不含大蒜的香草(Tips 56)。
4. 略加鹽調味,加蓋留縫,小火燉煮 1.5 小時,直到肉變軟,叉子能輕易地插入後,將高湯瀝入醬汁湯鍋中,將肉放回原鍋中。
5. 去除高湯中的油脂(見第 251 頁),大火收汁至約剩 3 杯的量。
6. 以 4 大匙奶油,5 大匙麵粉和步驟 5 製作白醬(見第 35 頁),可以加入一點鮮奶油,讓白醬的口感變得更濃郁。
7. 將小牛肉和 24 顆燜熟的珍珠洋蔥(見第 69 頁)及半磅的蘑菇丁杜舍爾(見第 76 頁)一起快速滾煮加熱。

+ **燉雞肉或燉火雞肉**　使用切塊的雞肉或火雞肉,以相同的方式烹煮。

Tips 57 ｜ 注意:

真正的小牛肉(veal)是餵食母牛奶,或是牛奶副產品的小牛。「放養小牛肉」(free 至 range)指的其實是「幼牛肉」(baby beef),煮出來的會是次等的棕灰色的燉牛肉和次等的醬汁。但是,採用「紅酒燉牛肉」方式,卻能烹調出差強人意的燉肉。

燜／燴
Braising

這些食譜中的肉類，在正式烹調之前，皆必須先經過煎炒或是上色（brown，褐色）的過程。請記住煎炒的規則：肉必須先擦乾，否則是無法上色的；用大火加熱鍋子，不要讓鍋中的肉擠成一團，才能煎出漂亮的焦褐色。

基本食譜

紅酒燉牛肉
Beef Bourguignon — Beef in Red Wine Sauce

6 至 8 人份
烹調時間：約 2.5 小時

- 6 盎司（約 170 克）汆燙過的培根條（bacon lardon，見 Tips 58），可省略，但傳統上用來增添風味
- 2 至 3 大匙食用油
- 約 4 磅（約 1.8 公斤）修整過的牛翼板肉，切成 2 吋（約 5 公分）大小
- 鹽和現磨的胡椒
- 2 杯切片的洋蔥
- 1 杯切片的胡蘿蔔
- 1 瓶紅酒（如金粉黛或是奇揚地）
- 2 杯牛高湯（第 21 頁）或是罐頭牛高湯

- 1 杯切碎的番茄，新鮮或罐頭皆可
- 1 束中型的香料束（見 Tips 56）
- 醬汁用奶油麵糊（beurre manié）：3 大匙麵粉和 2 大匙奶油調成的糊
- 裝飾：24 顆紅燴珍珠洋蔥（第 69 頁）和 3 杯炒過的切塊蘑菇（第 75 頁）

（如果你採用了培根條，先用一點油煎到上色，取出後加入牛肉中一起小火燉煮，用留在鍋中的油來上色）。

Tips 58 ｜汆燙培根和豬肉丁

當你找不到豬油肉片來保護烤肉表面時，就用切片的培根或是鹹豬肉去保護肉，不過得先除去煙燻或是鹹味。將 6 至 8 片的培根放入 2 夸特（約 2 公升）的冷水中，煮至滾後再小滾 6 至 8 分鐘。瀝乾，用冷水沖洗，然後用紙巾擦乾。汆燙過的培根或是鹹豬肉切成 ¼ 吋厚、1 吋長的塊狀，可用來增添類似紅酒燉牛肉或是紅酒燉雞菜色的風味。

1. 挑一只大型的平底煎鍋，在熱油中將肉塊各面煎至金黃色，加入鹽和胡椒調味，然後將肉塊轉移到一個厚重的砂鍋中。

2. 在平底煎鍋中留下一點油脂，放入切片的蔬菜炒到上色，再加入肉塊中。

3. 將紅酒倒入平底煎鍋中，以溶解附著在鍋底的焦香物質（第 250 頁），然後再將酒汁倒入砂鍋中，再加入足量的高湯，至足以蓋過鍋內食材。

4. 攪拌，加入番茄，香料束。煮至微滾，加蓋後以小火慢燉直到肉變軟，嘗一小塊以確定。此步驟可在爐火子上進行，或放入預熱至 325°F（約 163°C）的烤箱中進行。

5. 將完成的步驟 4 倒入置於醬汁鍋上的濾網中，挑出肉塊放回砂鍋中。

6. 將濾網中剩餘食材中的汁液壓出，流入煮汁中，然後進行去油（見第 251 頁），並將湯汁收煮至 3 杯量。

7. 離火，以打蛋器拌入奶油麵糊（beurre manié）*，然後小火滾煮 2 分鐘，直到醬汁稍微濃稠。

8. 調味，然後倒入砂鍋內的肉上。

9. 拌入洋蔥和蘑菇（可提前一天完成到這個步驟）。

10. 上桌前，將砂鍋煨至微滾，並用醬汁反覆淋在肉類和蔬菜上數分鐘，直到所有食材都完全熱透。

+ 變化

+ **燉肉** 4 至 5 磅（約 1.8 至 2.3 公斤）的後腿肉（亦可採用翼板、牛腩、牛胸腹部中段）。10 至 12 人份。

  滾煮時間：3 至 4 小時。

  1. 讓肉塊每一面皆上色，可放在爐火上煎，或烤箱內以上火烤，不斷地翻轉並刷油。
  2. 用鹽和胡椒調味，和同樣手法上色的蔬菜，紅葡萄酒，高湯和其他的材料等，如基本食譜中所述的食材，一起放入加蓋的砂鍋中。
  3. 等到肉變軟後，以相同手法製作醬汁。

+ **紅酒燉雞 coq au vin** 3 至 4 磅（約 1.4 至 1.8 公斤）重的雞切塊，5 至 6 人份。

  烹調時間：25 至 30 分鐘。

  1. 以熱油或（可省略的）培根條所煎出的油脂，將雞肉塊各面煎至上色。
  2. 然後按照基本食譜中的作法進行烹調，採用相同的食材和裝飾的洋蔥與蘑菇。

+ **白酒燉雞 chicken fricassee** 白酒燉雞基本上和紅酒燉雞相似，只不過採用白酒而非紅酒，而且雞肉不做先行上色。3 磅重的雞肉塊，5 至 6 人份。

  烹調時間：25 至 30 分鐘。

  1. 3 大匙的奶油在煎鍋中開始起泡時，拌入 1 杯的洋蔥切片，炒到軟時，加入雞肉塊。
  2. 經常地翻動直到雞肉略微變硬，但是沒有上色。
  3. 用鹽和胡椒調味，加入一小撮的龍蒿，加蓋，極小火再慢煮 5 分鐘，注意不要讓雞肉上色。
  4. 然後加入 2 杯的不甜白酒，或是 1.5 杯的不甜苦艾酒，和約 2 杯的雞高湯一起小火燉煮。
  5. 如基本食譜所述製作醬汁，並且以白燴珍珠小洋蔥（見第 69 頁）和燉煮的蘑菇（見 Tips 24）裝飾。可視喜好，加入鮮奶油讓醬汁口感更為濃郁。

編按：奶油麵糊（beurre manié）是一種法式料理的基礎技巧，將軟化奶油和麵粉以 1:1 比例混合揉製而成。beurre manié，字面意思是「揉捏過的奶油」。

燉羊肉
Lamb Stew

雖然稱之為燉羊肉，但是其實是燜／燴（braise），因為羊肉有先經過煎炒上色。
4 至 5 磅（約 1.8 至 2.3 公斤）帶骨羊肩肉，切成 2 吋大小的塊狀，6 人份。

烹調時間：約 1.5 小時。

1. 如基本食譜所述，先將羊肉與 1.5 杯洋蔥切片，煎至上色。
2. 調味後倒入砂鍋中，然後加上 2 瓣壓碎的大蒜，半茶匙迷迭香，1.5 杯不甜白酒或是不甜的苦艾酒，1 杯切碎的番茄，與剛好淹過食材的雞高湯。
3. 燉煮約 1.5 小時，然後如基本食譜所述完成醬汁。

羊後腿腱
Lamb Shanks

每人 1 至 2 隻羊後腿腱，或是 1 隻前腿腱鋸成 2 吋（約 5 公分）大小。按照前述燉羊肉的方式烹調。

米蘭式燴小牛膝
Ossobuco

小牛後腿腱鋸成 1.5 至 2 吋（約 3.8 至 5 公分）長的段，每人份 2 至 3 段。

烹調時間：約 1.5 小時。

1. 在煎炒之前，先將肉塊調味並裹上麵粉，因為有麵粉的緣故，後續的醬汁就不需要再加麵粉勾芡。
2. 加入清雞高湯（見第 20 頁），炒過的洋蔥片，和不甜白酒或不甜苦艾酒。一起燉煮。
3. 最後撒上義式香料碎葛穆拉塔。

製作方法：各 1 顆柳橙和檸檬的皮細細切碎，1 瓣同樣切細碎的大蒜末，和 1 小把切碎的巴西里（荷蘭芹），混合在一起，即完成葛穆拉塔（gremolata，編按：又稱米蘭香料碎）。

魚和貝類——白煮與清蒸
Fish And Shellfish — Poaching And Steaming

白酒煮魚片排
Fish Fillets Poached in White Wine

適用於龍脷魚（鰈魚）、鱒魚和其他較薄的去皮、去骨薄魚片，每人份 5 至 6 盎司（約 140 至 170 克）。此為 6 片魚排的作法。

烹調時間：約 10 分鐘。

1. 在原本有魚皮的那一面劃出刻痕，用鹽和白胡椒調味。

2. 在抹過奶油的烤盤底部撒上 1 大匙切碎的紅蔥頭，魚皮面朝下、略微交疊地排列魚排，再撒上 1 大匙的切碎紅蔥頭。

3. 於周圍倒入約 ⅔ 杯不甜白酒或是不甜苦艾酒，⅓ 杯的魚高湯、雞高湯或清水。

4. 用抹過奶油的烘焙紙包住，在爐上煮至微滾後，放入預熱至 350°F（約 177°C）的烤箱中，烤大約 7 至 8 分鐘就完成了，此時輕壓魚片，觸感略帶彈性，並且呈不透明的乳白色。

5. 將烹調湯汁倒入湯鍋，快速收乾、煮至幾乎呈濃稠狀。

6. 若要製作簡單的醬汁：攪拌數滴檸檬汁和碎巴西里（荷蘭芹），視喜好加入 1 至 2 大匙的奶油。

7. 將醬汁淋在魚片上，立刻上桌。

白酒煮干貝

Sea Scallops Poached in white Wine

1.5 磅的干貝，6 人份。

1. 將 0.5 大匙切細碎紅蔥頭，與 ⅓ 杯不甜的苦艾酒，⅓ 杯水，0.5 茶匙的鹽和一小片進口月桂葉，一起燉煮約 3 分鐘。

2. 加入干貝，滾煮 1 分半至 2 分鐘，直到觸感略帶彈性。

3. 離火，放涼至少約 10 分鐘，以讓干貝吸收味道。

4. 將干貝取出，扔掉月桂葉，快速地將汁液收乾直到呈濃稠狀。

> **Tips 59 │ 煮干貝的時長**
> 切成 ¼ 塊的干貝，滾煮時間約 15 至 30 秒。智利生產的干貝則剛好煮滾即可。

+ 食用建議

+ **碎香料**　在濃縮的湯汁中拌入細細切碎的新鮮巴西里（荷蘭芹）和／或蒔蘿、龍蒿或細蔥，迅速地重新加熱干貝，拌入香料，視喜好加入數大匙的鮮奶油。

+ **番茄普羅旺斯風味**　在濃縮湯汁中，攪拌加入 1.5 杯去皮、去籽、去汁並且切碎的新鮮番茄漿（見 Tips 22），和一大瓣細碎大蒜。加蓋小火燉煮約 5 分鐘，去蓋快滾煮至汁液變得濃稠。調味。拌入干貝短暫加熱。拌入細巴西里或是其他綠色香草，即可上桌。

白煮鮭魚排

Poached Salmon Fillets

8 片鮭魚排，每片 6 到 8 盎司（約 170 至 230 克）

1. 在大平底鍋中，將 2 夸特（約 2 公升）的水煮滾，
2. 加入 1 大匙的鹽和 ¼ 杯白酒醋。
3. 滑入鮭魚排，待水至即將再次沸騰時，轉小火。
4. 在將滾未滾的狀態下水煮 8 分鐘。魚肉的觸感有彈性時就是熟了。
5. 瀝乾，去皮，和檸檬瓣，融化的奶油或荷蘭醬（奶油蛋黃醬，見第 36 頁）一同上菜。

清蒸整條鮭魚
Whole Steamed Salmon

一條重 5 至 6 磅（約 2.3 至 2.7 公斤）的整隻鮭魚，10 至 12 人份。
烹調時間：約 45 分鐘。

1. 將鮭魚的內臟清理乾淨，除去魚鰓並修剪魚鰭。

2. 用油刷魚身，以鹽和胡椒抹在魚腹內部。

3. 將魚放在（魚鍋或烤盤內）已抹油的烤架上，然後用乾淨的起司布，將魚、烤架整個包裹起來。

4. 在魚的周圍鋪上 2 杯炒過的薄切洋蔥片，以及各 1 杯的炒胡蘿蔔片、西洋芹和 1 把有巴西里（荷蘭芹）、月桂葉和龍蒿的中型香料束。

5. 倒入 4 杯的不甜白酒或是 3 杯不甜苦艾酒，加上魚高湯或是清雞高湯（分別見第 22、20 頁），達 1 吋 (2.5 公分)的高度。

6. 放在爐上煮至微滾，然後用錫箔紙和鍋蓋密封鍋具。

7. 保持微微沸騰的狀態，不時地用鍋中汁液快速淋鮭魚。

8. 當魚內部溫度達到 150°F（約 65.5°C）時，就表示魚熟了。

9. 將魚取出，滑入上菜盤，並保溫。

10. 將煮魚的湯汁從鍋中濾入醬汁鍋，並擠入蔬菜中的汁液。收煮至剩 1 杯、呈濃稠狀的淋醬。

11. 增添風味：視喜好可以加入動物性鮮奶油，最後攪拌入奶油和新鮮的碎切巴西里。

清蒸龍蝦

Steamed Lobsters

大約烹調時間：
1 磅（約 450 克）重約 10 分鐘；
1¼ 磅重約 12 至 13 分鐘；
1.5 磅重 14 至 15 分鐘；
2 磅重 18 分鐘。

1. 在 5 加侖（約 19 公升）的鍋中放入蒸架，然後加入 2 吋（約 5 公分）高的海水，或自來水（每夸特加入 1.5 茶匙鹽）。
2. 加蓋煮滾，然後快速地將 6 隻活龍蝦、頭朝下放入。
3. 加蓋，加壓，以確保鍋蓋密合。
4. 蒸氣一出現，就開始根據前述計時。
5. 當龍蝦的長鬚可以輕易扯掉時，就是煮熟了。但是要確認煮熟，將龍蝦翻過來，切開胸部檢查龍蝦的消化腺，如果仍全黑，要再多煮幾分鐘，要煮到消化線呈現淡綠色為止。
6. 上桌時，佐以融化的奶油和檸檬瓣。

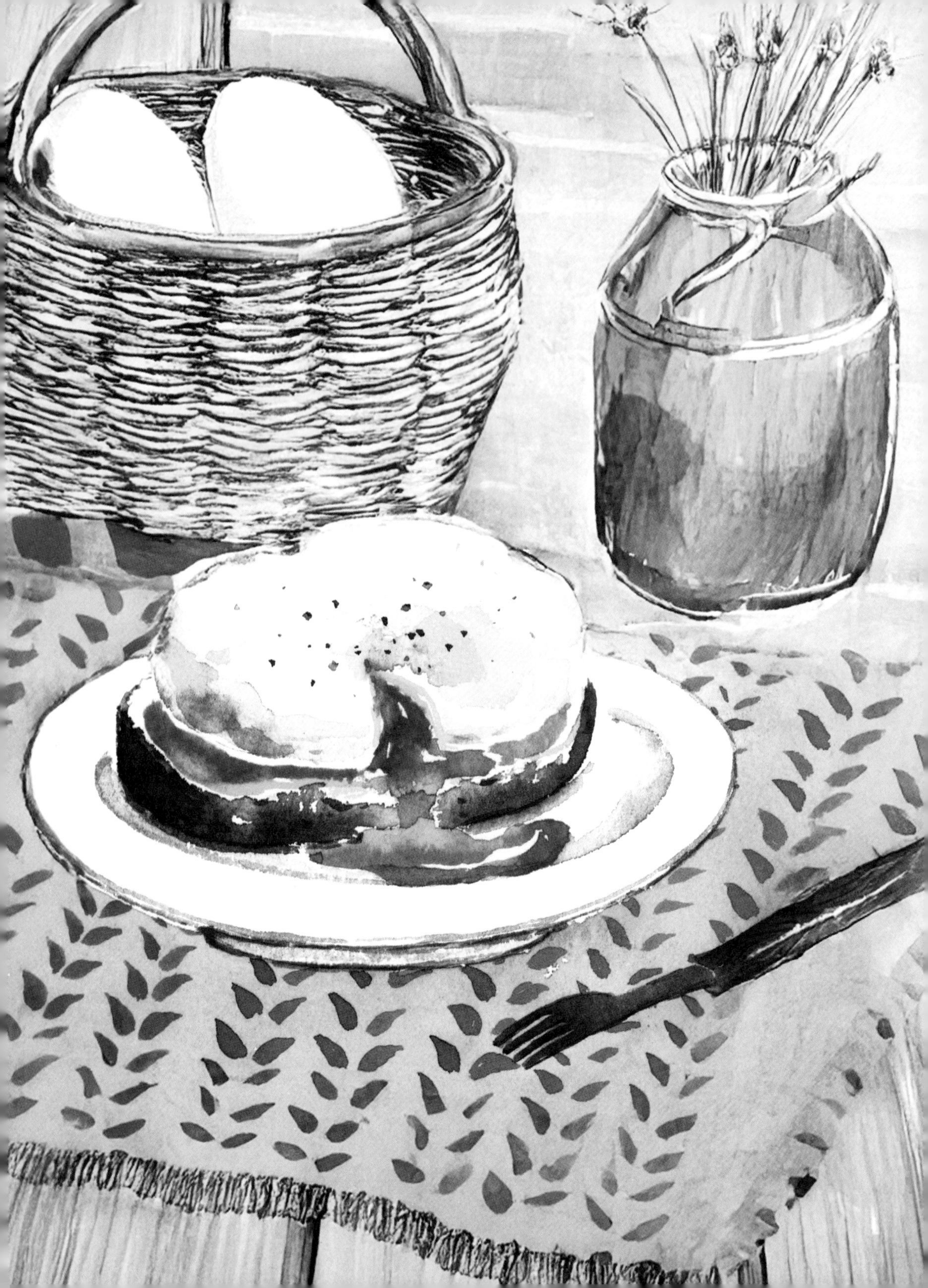

Chapter 5

蛋類烹調
Egg Cookery

我們應當謹慎挑選、

並妥善處理雞蛋。

在烹飪中，蛋不但以各種面貌的主角身分出現，像是歐姆蛋、炒蛋、水波蛋、惡魔蛋（鑲蛋）和半熟蛋等，還是蛋糕和舒芙蕾等料理中的蓬鬆劑，也是醬汁和卡士達（蛋奶醬）的濃稠劑，當然也是兩個高貴而且令人上癮的荷蘭醬（奶油蛋黃醬）和美乃滋的主角與基底。

基本食譜

法式歐姆蛋捲
The French Omelet

完美的歐姆蛋呈現優雅的橢圓形狀，外層是凝固的蛋皮，內裡包裹著嫩滑的蛋液。可以是很單純地用鹽、胡椒和奶油調味的早餐蛋捲，也可以是一道快速的午餐主菜，內餡或配料可以是雞肝、蘑菇、菠菜、松露、燻鮭魚或是任何廚師想加的食材，順帶一提，這也是善用剩餘食材的絕佳方法。

製作歐姆蛋有多種手法，例如，攪拌法、傾斜摺疊法等。

我最喜歡用我以前的法國料理主廚老師的甩／抽方式，來製作 2 至 3 顆蛋的歐姆蛋，如右頁的步驟說明。

如果這是你第一次嘗試，先練習抽動的動作，注意這不是拋甩，而是朝向自己方向，保持直線，猛拉一下鍋子；也要練習倒出蛋捲的技巧。

可以為全家人準備歐姆蛋當早餐，這樣一來，你就需要烹調 4 或 5 份或更多份的歐姆蛋，可藉此熟悉整個烹調過程。

這是一堂很快速的課，歐姆蛋只需要約 20 秒就能完成。

Tips 60 │ **購買和儲藏雞蛋**

我們必須謹慎選購雞蛋並妥善處理。由於在室溫下，雞蛋會成為有害細菌的溫暖舒適之家，因此務必購買冷藏雞蛋，絕對不要買有裂痕或是髒污的蛋，購買後一定要用保冷容器把蛋帶回家，在烹調之前保持冷藏的溫度。

2 至 3 顆蛋的歐姆蛋捲，1 人份。

- 2 顆特大或超大型的雞蛋，或 3 顆大型至中型的雞蛋。
- 1 大撮鹽
- 轉數圈現磨黑胡椒
- 1 茶匙冷水（可省略），讓蛋黃和蛋白更完美地融合在一起
- 1 大匙無鹽奶油

1. 在手邊準備一個溫熱的盤子，奶油，1-2 支新鮮的巴西里（荷蘭芹）和一支矽膠刮刀或鏟。
2. 將蛋打入碗中，打到與鹽、黑胡椒和（可省略的）水充分混合即可。
3. 將歐姆蛋捲平底煎鍋（見 Tips 61）放在最大的火上，加入奶油，傾斜平底鍋使奶油均勻流布鍋底和鍋邊。
4. 等到奶油的泡泡幾乎消失、開始變色之前，將蛋倒入。
5. 短暫搖動煎鍋，讓蛋液鋪滿鍋底。
6. 定住不動數秒鐘，以讓蛋液凝結。
7. 然後開始將鍋子朝自己方向抽動，讓蛋體朝著較遠的鍋邊移動。
8. 持續用力抽動，同時逐漸提起鍋柄，並讓遠端鍋緣朝向火源傾斜，此時歐姆蛋會開始向內捲起（翻摺）。
9. 用矽膠刮刀將散落的蛋液推回主體中，然後用拳頭敲打靠近鍋身的鍋柄位置，歐姆蛋會開始從遠端邊緣開始「捲」起。
10. 要將歐姆蛋取出，快速地將鍋柄朝右邊翻動，用右手掌心朝上地握住下方。用左手握住熱盤，將鍋翻至盤上，讓歐姆蛋落入定位（見 59 頁茱莉亞照片示範）。
11. 必要時，可以用矽膠刮刀將邊緣推整齊。
12. 用叉子叉起一塊奶油，快速地刷在歐姆蛋上，用一枝新鮮巴西里（荷蘭芹）裝飾，即可上桌。

+ <u>變化</u>

+ **碎香草調味**　將 0.5 大匙的切細碎蔥、巴西里（荷蘭芹）或龍蒿，或山蘿蔔葉（chervil，細香葉芹）打入蛋液中，並在上桌前再撒一點在歐姆蛋上。

Tips 61 ｜ 歐姆蛋煎鍋

製作歐姆蛋必須要用不沾鍋，幸好這種鍋具很容易買到。我極力推薦專業級鋁製不沾鍋*，要有長柄和斜邊設計，鍋底直徑 7.5 吋（約 19 公分），鍋口直徑 10 吋（約 25.4 公分）。我使用的是在五金行就可以買到的 Wearever 鋁鍋。

＊編按：近年醫學研究證實鋁鍋和失智症並無明顯關係。建議使用鋁合金鍋具。

†編按：這道菜的原名其實是「匹佩哈德」（Pipérade），為源自法國巴斯克地區的傳統菜餚，主要由洋蔥，青椒，甜椒和蕃茄等蔬菜炒製，通常會加入當地的一種紅色辣椒（Espelette pepper），因此被稱為「巴斯克風味炒洋蔥甜椒」。

Tips 62 ｜ 奶油龍蝦、螃蟹或蝦

大約 1 杯，足以填入或裝飾 4 至 6 份歐姆蛋。

1. 2 大匙奶油快炒 1 大匙切細碎的紅蔥頭，直到軟化，
2. 然後拌入 1 杯切成 ¼ 吋大小的煮熟甲殼類海鮮肉。
3. 當食材充分加熱後，略微用鹽和胡椒調味，
4. 加入 2 大匙的不甜苦艾酒滾煮 1 至 2 分鐘，
5. 然後加入 0.5 杯的動物性鮮奶油滾煮一會兒，直到變稠。
6. 調味，可視喜好拌入一些切細碎新鮮巴西里（荷蘭芹）。

+ **加料蛋捲**　你可以在完成的歐姆蛋上,縱切一道,然後鋪上填料,或是可以將填料加入仍在鍋中的歐姆蛋,當蛋開始凝結到足以定住填料、在開始最後的「捲」(步驟 9)之前。這需要一點特殊的技巧,不過你最終會練出自己的手法。

一些填料和裝飾的建議

1 奶油菠菜,或用奶油炒過的熟青花菜碎(皆參見第 64 與 63 頁)。
2 切成四瓣或是切片的蘑菇、雞肝或是用奶油和紅蔥頭及調味料炒過的干貝(參見第 97 頁)。
3 奶油龍蝦、蝦子或螃蟹(參見 Tips 62)。
4 (巴斯克風味)炒洋蔥甜椒[†]:青椒,紅椒,洋蔥,大蒜和香料一起炒(見第 76 頁)。
5 馬鈴薯餡:嫩煎馬鈴薯塊(參見第 85 頁),可以加入培根和洋蔥。
6 番茄餡:新鮮的手作番茄沾醬(參見 Tips 22)。

炒蛋

Scrambled Eggs

8 顆蛋，4 人份。

炒蛋應該是柔軟、碎狀的蛋塊，烹調動作越輕柔緩慢，成品就會越嫩滑可口。
使用和前面蛋捲相同的 10 吋（約 25.4 公分）厚底不沾平底煎鍋。
準備好溫熱但不燙的盤子。

1. 調理碗中，打至蛋黃和蛋白均勻混合即可，加入 ¼ 茶匙鹽（或依個人口味調整）和數轉現磨的黑胡椒粉。

2. 在鍋中放入 1 大匙的無鹽奶油，用中火加熱，當奶油融化時，轉動鍋子使鍋底和鍋邊都沾上奶油。

3. 將打散的蛋液倒入鍋中，留下約 2 大匙，轉小火，當蛋液逐漸凝固時，慢慢地刮起鍋底凝結的蛋液，使其形成柔軟的蛋花。這個過程需要幾分鐘。

4. 當蛋花達到理想的濃稠度時，將鍋子移開火源，為了停止繼續加熱並使炒蛋更加滑潤，拌摺入剩餘蛋液。

5. 嘗一下味道，視需要調味。

6. 可視喜好，拌摺入約 1 大匙軟化無鹽奶油，或動物性鮮奶油。

7. 立刻上桌。

我們常常只把炒蛋當作日常早餐，配上培根或香腸食用，但其實炒蛋搭配烤番茄、炒馬鈴薯、蘆筍尖和各式各樣的配菜，可以變成一道精緻的早餐，甚至是午餐。

如同你稍後會看到的，冷炒蛋也很美味，但我認為炒蛋不適合和其他食材混在一起。我比較喜歡讓炒蛋單獨呈現，配菜另放在旁邊。

＋ 加料和變化

建議配菜（除酥脆培根、火腿、香腸之類以外）

1 奶油三角吐司──整齊的三角白吐司。

2 普羅旺斯烤番茄──對半切的番茄，撒上調味麵包碎一起烤（參見第 71 頁）。

3 溫熱奶油蘆筍尖（參見第 63 頁）。

4 所有歐姆蛋的建議裝飾與配菜（參見第 148-149 頁）。

＋ **冷炒蛋番茄盅**　將炒好的甜椒拌入剛炒好的蛋中。調味，裝入挖空、切半的新鮮、成熟番茄內，冷藏。

＋ **冷炒蛋佐蒔蘿**　用切碎的新鮮蒔蘿調味剛炒好的蛋，冷藏然後佐以燻鮭魚上桌。

水波蛋
Poached Eggs

水波蛋真是百搭！可以趁熱盛在朝鮮薊杯中上桌，或是淋上貝亞恩蛋黃醬放在嫩菲力牛排上，或是閃耀在肉凍中，或是點綴捲葉苦苣沙拉，或是藏在乳酪舒芙蕾內，或是裝扮成班乃狄克蛋，又或是簡單地安置在溫熱、酥脆、抹過奶油的吐司上作為早餐，都很適合。

水波蛋是個優雅的橢圓形，有著溫柔凝結的蛋白和濃稠、流動的蛋黃。如果能取得母雞剛下的蛋，那麼它們幾乎可以自己成形，因為真正新鮮的雞蛋在放入滾水中時，仍能維持住原本的形狀。但是我們大多得採取一些方法，以確保水波蛋的形狀，像是採用加醋的水，或是橢圓形的水波蛋模（可以在某些廚具店購得）。

- **維持水波蛋的形狀**

1. 用一枚圖釘，壓入蛋較膨大端的氣室中，釋放氣體（否則蛋會裂開）。
2. 為了維持蛋的形狀，每次不要放入超過 4 顆雞蛋到滾水中。
3. 滾煮恰好 10 秒鐘，然後用撈勺取出。

- **水波蛋模法**　用橢圓形漏孔金屬容器煮水波蛋。

1. 將水波蛋模放入微滾的水中，水量要淹過模具，放入穿孔過、滾煮 10 秒鐘的蛋，然後以微滾的水煮 4 分鐘（見醋水法步驟 4）。
2. 取出水波蛋器，然後小心地用湯匙將蛋取出。

- **醋水法**　用一支直徑 8 吋（約 20 公分）、3 吋深（約 7.5 公分）的湯鍋，可同時煮最多 6 顆水波蛋。

1. 將 1.5 夸特（約 1.4 公升）的水和 ¼ 杯的白醋（有助於蛋白的凝結）煮微滾。
2. 準備好定時器和漏勺。
3. 從鍋柄附近開始，依順時針方向，盡可能將雞蛋靠近水面，一顆接一顆打入水中。須快速完成。
4. 維持水的微滾狀態，不多不少滾煮 4 分鐘，蛋白應柔和地凝結，蛋黃仍成液態狀。
5. 從鍋柄附近開始，順時鐘，用漏勺一一取出蛋，放入冷水中洗去醋味。

- **水波蛋可以提前一、兩天製作**　完成的水波蛋可以浸泡於新鮮的冷水中，不加蓋放入冰箱冷藏。
- **冷食水波蛋**　如前述般儲藏，或是在冰水中冷卻 10 分鐘。（將蛋用漏勺一一取出後，放在乾淨的布巾上以吸乾水分。）
- **熱食水波蛋**　將冷卻的水波蛋放入加少許鹽的小滾水中，加熱 1 分鐘即可取出。

+ **變化**

+ **班乃狄克蛋 eggs benedict**　烤過、抹過奶油的英式瑪芬切半，或是去皮的圓形布里歐麵包（brioche bread，我個人比較喜歡這個，因為我覺得瑪芬又硬又難切）。每片麵包上放上一片煎火腿、溫熱的水波蛋和荷蘭醬。如果想要奢華感的話，可以再放上一片軟滑如奶油的黑松露。

+ **凡頓舒芙蕾 soufflé vendôme**　將 4 片烤過、塗過奶油的圓法國麵包片（Tips 05）放入 6 杯容量的烤盤中，上面再放上 4 顆冷的水波蛋。淋上第 160 頁的乳酪舒芙蕾糊，按照指示烘焙。這道菜絕對會讓你的客人讚嘆不已，而且蛋會非常地完美。

+ **捲葉苦苣沙拉佐培根水波蛋**　參見第 45 頁。

Chapter 5 蛋類烹調

烤蛋

Shirred Eggs

　　這是一道個人份量的料理,將雞蛋打入淺烤盤中,先在爐上開始烹調,最後再放入烤箱上層炙烤完成。蛋白會呈現柔軟的狀態,蛋黃表面則形成一層半透明的薄膜。這是一道美味、滑順的奶油蛋料理,但熱量很高!

準備數個約 4 英吋寬可直火加熱的淺烤盤,將烤架移到烤箱上層,預熱上火。
每份準備約 2 大匙的融化奶油。

1. 將淺烤盤放在(爐火)中小火上,倒入 1 大匙融化的奶油。

2. 等到開始起泡,打入 1 至 2 顆雞蛋,約煮 30 秒,剛好足以讓底部的蛋白薄薄地凝結。

3. 離火,將 1 茶匙融化奶油淋在蛋上。

4. 將淺烤盤暫放在烤盤架上。其他份量也照相同方式製作。

5. 臨上桌前,將步驟 4 放在距離上火 1 吋的位置,炙烤約 1 分鐘,每隔幾秒鐘就拉出烤架,刷上更多的奶油。待蛋白凝固、蛋黃形成薄膜時,調味並立即上桌。

+ **加料和變化**

+ **鮮奶油烤蛋** 在爐火之後,倒 2 大匙動物性鮮奶油在蛋上,然後繼續送進烤箱近上火處炙烤。不需要刷油。

+ **黑奶油醬烤蛋** 蛋放入烤箱後,只用 1 茶匙的奶油去刷蛋,等到烤好後,飾以黑奶油醬(見 Tips 63),並加入建議的碎巴西里(荷蘭芹)和酸豆。

+ **焗烤蛋** 如鮮奶油烤蛋般進行,但是上面加上 1 茶匙的碎瑞士或帕馬森乳酪。

+ **裝飾** 上桌前,可以在蛋的周圍放上炒過的蘑菇、腰子、雞肝、番茄漿、青椒與甜椒之類等。不過我認為下一道菜「布丁杯烤蛋」更適合這種作法。

Tips63 │ 黑奶油醬 beurre noir

適合佐魚類和蛋類料理的絕佳醬料。製作約半杯的量。

1. 將一條奶油切成 ¼ 吋厚的片狀,放入 6 吋(約 15 公分)的煎鍋中融化。
2. 奶油開始起泡時,將火力調大。
3. 當泡沫逐漸消退且奶油快速上色時,握住鍋柄搖晃平底鍋。
4. 在短短幾秒鐘內,當奶油呈現漂亮的胡桃褐色(不要讓它變成黑色!)時,就可以將醬料淋在食材上。

注意:淋醬之前,可以先撒上約 1 茶匙切碎新鮮巴西里(荷蘭芹)於食物上,淋醬時會發出滋滋聲,然後在鍋中攪入約 1 大匙的酸豆,再均勻地灑在已淋醬的食物上。

布丁杯烤蛋

Eggs Baked in Ramekins

相較於前面那道需要反覆進出烤箱的烤蛋，這道蛋料理的烹調過程較為輕鬆。將生蛋打入抹過奶油的烤盅（布丁杯）中，然後將烤盅放入裝有熱水的烤盤，在烤箱中烤 7 至 10 分鐘即可。

可以簡單地只加入鮮奶油，也可以底部放入填料，這也可以是清冰箱料理，用光剩菜如熟菠菜、碎蘑菇、炒過的洋蔥，或是現有剩餘食材的絕佳方法。

1. 烤箱預熱至 375°F（約 190°C），將烤架放在中下層。

2. 在每只抹過奶油的烤盅（容量約半杯），先倒入 1 大匙動物性鮮奶油，然後再排放至裝有半吋（約 1.3 公分）高微滾熱水的深烤盤中，置於中火上加熱。

3. 等到鮮奶油變熱時，打入 1 至 2 顆蛋，再倒入 1 大匙的鮮奶油，上面再放上 1 小塊奶油。

4. 送進烤箱，烤 7 至 10 分鐘，直到蛋液凝結，但仍略微顫動，因為從烤箱中取出後，蛋液還會持續在布丁杯中凝結。

5. 從烤箱中取出，用鹽和胡椒粉調味，即可上桌。

+ 加料和變化

+ **佐以新鮮碎香料**　在每一份動物性鮮奶油中加 1 茶匙左右的單一或混合香料，如巴西里（荷蘭芹）、細蔥、龍蒿或山蘿蔔。

+ **搭配各種醬料**　不用鮮奶油，而改用有蘑菇的褐醬、起司醬、番茄醬、咖哩醬、洋蔥醬等。是用光你珍貴的剩餘食材的絕佳方式。

+ **底部填料**　在每個布丁杯中鋪上 1 大匙左右的美味食材，例如，煮熟、調味過的蘆筍丁、青花菜、菠菜、朝鮮薊、火腿丁、蘑菇、雞肝或是貝類。加入一片黑松露或是一大匙鵝肝醬都能讓人驚喜萬分。

白煮蛋

Hard-Boiled Eggs

當你為家人準備白煮蛋時,如果蛋殼剝不乾淨的話,只是有點不完美,可是若是辦派對時,那可真是場災難。以下是美國喬治亞州蛋業委員會所開發出來的方法,雖然步驟有點繁瑣,但確實能很好地解決這個問題。

同時處理 12 顆蛋(不建議超過這個數量)。

1. 在每顆雞蛋的鈍端(較圓大的一端)戳約 ¼ 英吋的小孔,可讓氣室的空氣逸出。
2. 將蛋放入深鍋中,加入 3.5 夸特(約 3.3 公升)的冷水(淹過蛋)。
3. 將水煮至沸騰,立即離火加蓋,然後靜置 17 分鐘整。
4. 將雞蛋移到冰水中,冷卻 2 分鐘,這樣可以讓蛋體從蛋殼收縮。
5. 同時,將原本的煮蛋水重新加熱至沸騰。每次 6 顆,將冷卻過的白煮蛋放入滾水,滾煮 10 秒鐘整,可讓蛋殼膨脹脫離蛋。
6. 冷卻 20 分鐘左右,因為徹底冷卻的蛋比較好剝。
7. 剝殼時,先在工作檯面輕輕地敲出裂痕,然後在小冷水流下、從較大的一端開始剝。
8. 剝好的雞蛋浸入冷水,不加蓋放入冰箱冷藏,可以完好保存數日之久。

+ **變化**

+ **基本冷食惡魔蛋** 製作2打切半的蛋。
  1. 將12顆剝皮的冷卻白煮蛋，縱切成半，將蛋黃篩入碗中。
  2. 拌入各2大匙的美乃滋和軟化的無鹽奶油，
  3. 用鹽和現磨白胡椒調味。
  4. 利用擠花袋將填料擠入蛋白中。
  5. 視喜好裝飾，可以用巴西里（荷蘭芹）枝或是紅辣椒末。
  6. 或是可以將以下各類食材切碎，加入基本填料中。
     - 新鮮的綠色香草，如蒔蘿、羅勒、龍蒿、巴西里（荷蘭芹）、細蔥和山蘿蔔葉（chervil）。
     - 煮熟的蘆筍尖。
     - 用奶油加咖哩粉炒過的洋蔥末。
     - 蘑菇丁杜舍爾醬（參見第76頁）。
     - 用奶油和調味料炒過的龍蝦、螃蟹或是蝦子（參見 Tips 62）。
     - 燻鮭魚。
     - 醃漬物：甜酸醬或酸黃瓜。
     - 黑橄欖醬（參見 Tips 64）。

+ **烤惡魔蛋** 非常法式的午餐或晚餐菜餚。將蛋黃壓過篩，然後拌入動物性鮮奶油和一種填料，如切碎的蘑菇。

+ **奇美風焗烤惡魔蛋**＊ 4人份。
  1. 將一打白煮蛋的蛋黃篩過，拌入 ¼ 杯動物性鮮奶油和 ¼ 杯蘑菇丁杜舍爾醬（第76頁）。
  2. 每次取6個半蛋放入個別烤盅，淋上步驟1與調味起司醬，
  3. 起司醬與烘焙：同第74頁的焗烤白花菜。

編按：奇美（Chimay）是比利時的一座小城市，以修道院、啤酒和乳酪而聞名，Chimay 乳酪即為著名的修道院乳酪，由修士製作。

Tips 64 ｜黑橄欖醬 tapénade
1杯去核的地中海風味黑橄欖，3大匙酸豆，6尾橄欖油醃漬的鯷魚，和1大瓣大蒜泥，全部用食物處理機磨成糊。

舒芙蕾
Soufflés

　　舒芙蕾是蛋類料理中最為極致華麗的展現。送上餐桌時的畫面，是多麼壯觀啊！從烤盅中緩緩升高的頂部，放到桌面時，還會誘人地搖曳晃動著。邀請特別的客人來用午餐時，沒有比乳酪舒芙蕾配上一份綠蔬沙拉更恰當而誘人的輕食了；若要為最喜愛的晚餐賓客準備一份充滿愛意的甜點，巧克力舒芙蕾則是最佳選擇。

　　幸運的是，只要製作過程合理得當，舒芙蕾就會自然成功。它其實就是將打發到挺立的蛋白拌摺入調味醬汁中，成敗幾乎完全取決於如何打發蛋白，以及怎麼拌摺混合，這兩個關鍵步驟在 Tips 84 和 Tips 85 的蛋糕製作部分有詳細說明。

基本食譜

風味乳酪舒芙蕾
Savory Cheese Soufflé

4 至 6 杯的舒芙蕾烤模，或是 8 吋（約 20 公分）大的直邊烤盤，4 人份。
準備好舒芙蕾烤模（參見 Tips 65）。
將烤架置於烤箱下層，預熱烤箱至 400°F（約 204°C）。

- 1 至 1.5 大匙軟化奶油，用於烤盤和紙圈上
- 2 大匙細磨的帕馬森乳酪
- 2.5 大匙奶油
- 3 大匙麵粉
- 1 杯（約 240ml）熱牛奶
- ¼ 茶匙匈牙利紅椒粉
- 一點磨碎的肉豆蔻粉
- 0.5 茶匙鹽
- 2 至 3 圈的現磨白胡椒粉
- 4 顆蛋黃
- 5 顆蛋白
- 1 杯（3.5 盎司，約 100 克）粗磨過的瑞士乳酪

Tips 65 │ 如何準備舒芙蕾烤模

挑選直壁烤模（烤盅），或是夏洛蒂蛋糕烤模（第 194 頁），在烤模底部和側面薄薄地抹上一層軟化奶油。依舒芙蕾的種類不同，在烤模內撒上細磨的帕馬森乳酪，或是麵包碎、或是細砂糖，抖掉多餘的材料。

紙圈製作　如果要使用紙圈，裁一張足以環繞烤模、和烤模有 2 吋交疊的烘焙紙或是錫箔紙，對折後在一面抹上奶油。將紙圈繞在烤模內，奶油面朝內，紙圈應高出模具邊緣 3 英吋（約 7.5 公分）。用兩根大頭針固定，針頭朝上以便快速取下。

> 可以用一個紙圈放在 4 杯量的模子中烤，這樣子舒芙蕾會超過邊緣 3 吋，拿掉紙圈的時候也能維持高度。或者用 6 杯量的烤模，這樣子舒芙蕾會更穩定，但是不會膨得那麼高。

基礎醬底（步驟 1 至 4）

1 在 3 夸特（約 3 公升）的湯鍋中，將 2.5 大匙的奶油和 3 大匙的麵粉煮在一起，直到起泡 2 分鐘。

2 離火，打入熱牛奶，

3 然後小火、慢慢攪拌 1 至 2 分鐘，直到變稠。

4 離火，將調味料打入醬中，然後一顆顆地打入蛋黃。

5 將蛋白打發至挺立發亮的尖峰狀（乾性打發，見 Tips 85 與第 181 頁照片）。

6 將 ¼ 的步驟 5 打入基礎醬底中攪拌，使醬底變得較為輕盈，然後輕柔地拌摺入剩餘的蛋白，並交替拌入磨碎的瑞士乳酪。

7 把步驟 6 的舒芙蕾麵糊倒入烤模中，放進預熱的烤箱。將溫度調降至 375°F（約 190°C），烤 25 至 30 分鐘，直到舒芙蕾膨脹至高出紙圈數吋，或是比烤模高 1 至 2 吋（約 2.5 至 5 公分），表面呈漂亮的金褐色。

8 取下紙圈，立刻上桌。

如何分食舒芙蕾？ 為了盡量不把舒芙蕾弄塌，以一套上菜用的大叉和大湯匙，垂直背靠背，插入舒芙蕾中央，將其拉扯開。

什麼時候算完成？ 參見 Tips 66。

+ 變化

+ **蔬菜舒芙蕾** 在製作好基礎醬底後，拌入 ¼ 至 ⅓ 杯調好味、煮熟、切碎的菠菜、蘆筍、青花菜或是蘑菇。按基本食譜指示完成舒芙蕾，但是只要拌摺入 ⅓ 杯的刨絲帕馬森乳酪。

+ **鮭魚和其他魚類舒芙蕾** 這道菜是剩下魚肉的華麗利用法。將 1 杯左右的煮熟碎魚肉拌入醬底，再添加數大匙的奶油炒過的碎紅蔥頭，和 1 至 2 大匙的碎蒔蘿增添風味。相同地，將瑞士乳酪的量減到 ⅓ 杯。適合搭配荷蘭醬（奶油蛋黃醬，第 36 頁）食用。

+ **盛盤舒芙蕾** 不只深型烤模，也可以用烤盤或焗烤盤來烤舒芙蕾。

若是 4 人份量，準備一個 12 至 14 英吋的橢圓形耐高溫烤盤並塗上奶油，在上面擺放四堆半杯量的美味內餡，像是奶油甲殼類（見 Tips 62）。

在每堆內餡上堆疊 ¼ 份的舒芙蕾麵糊，再撒上刨絲瑞士乳酪，放入預熱至 425°F（約 220°C）的烤箱內烤 15 分鐘，直到膨脹且表面呈金褐色。

Tips 66 | 舒芙蕾好了嗎？

如果有用紙圈，快速地略微鬆開檢查，如果會塌陷，就重新包好再烤幾分鐘。等到用長籤從膨起的部分側面插入，取出時上面只沾到一點顆粒時，舒芙蕾的內部會是美味的奶油狀，但是蓬鬆狀無法持久。如果長籤出來是乾淨的，蓬鬆度就會維持久一點。

+ **舒芙蕾捲** 11×17 吋（約 28×43 公分）的瑞士蛋糕捲烤模，可供 6 至 8 人份食用。

依基本食譜配方，但將分量增加如下：

- 5 大匙奶油
- 6 大匙麵粉
- 1.5 杯牛奶
- 6 顆蛋黃
- 7 顆蛋白
- 1 杯刨絲瑞士乳酪

1 將烤架置於烤箱上層三分之一處，預熱至 425°F（約 220°C）。

2 在烤模內抹上奶油，然後鋪上烘焙紙或蠟紙，兩端各留（高出烤模）2 英吋（約 5 公分）的延伸部分。

3 在紙上塗奶油，然後撒上麵粉，輕拍去除多餘的粉。

4 將舒芙蕾麵糊均勻鋪在烤盤上，烤約 12 分鐘，直到剛好凝固；要注意不要烤過頭，否則捲的時候會裂開。

5 在表面撒上麵包碎，將舒芙蕾翻面，倒在另一只鋪有烘焙紙的烤盤上。小心地剝除底下的烘焙紙。

6 在舒芙蕾上鋪上 1 ¼ 杯溫熱且調味適中的餡料，像是第 76 頁的炒洋蔥甜椒、炒蘑菇和火腿丁、Tips 62 奶油甲殼類海鮮，或者其他配料。

7 將舒芙蕾捲起，視喜好可以在上面飾以更多的餡料、配菜或淋醬，如 Tips 22 的番茄沾醬或第 36 頁的荷蘭醬（奶油蛋黃醬）。

+ **甲殼類舒芙蕾** 製作 1 杯左右的奶油龍蝦、螃蟹或蝦（見 Tips 62），然後鋪在塗過奶油的舒芙蕾烤模底部。倒入舒芙蕾醬底，但是只要拌入 ⅓ 杯的刨絲瑞士乳酪。可以搭配新鮮的番茄沾醬（參見 Tips 22）一起食用。

舒芙蕾甜點
Dessert Soufflés

舒芙蕾當甜點——那就表示有派對了。在主菜舒芙蕾中的打入（beating）和拌入（folding in，拌摺）蛋白的一般性原則，也適用於舒芙蕾甜點，但由於舒芙蕾甜點應該要輕盈、蓬鬆，所以基礎醬底會有點不一樣。

可以使用白醬或是卡士達（奶油）餡，但是我比較喜歡用「香草舒芙蕾」食譜介紹的牛奶麵糊（bouillie）*，你會注意到，在打發蛋白時加入糖，可以讓蛋白的結構更加扎實。

基本食譜

香草舒芙蕾
Vanilla Soufflé

6 杯舒芙蕾烤模，4 人份。

- 3 大匙麵粉
- ¼ 杯牛奶
- ⅓ 杯又 2 大匙細砂糖
- 4 顆蛋黃

- 2 大匙軟化的奶油，可省略
- 5 顆蛋白
- 2 大匙純香草精
- 篩過的糖粉

1 如前述一樣準備好舒芙蕾烤模，並且裝好紙圈（見 Tips 65）。

2 將烤架放在烤箱下層三分之一處，預熱至 400°F（約 204°C）。

3 在單柄湯鍋（醬汁鍋）中將麵粉和一半分量的牛奶（以打蛋器）攪拌均勻。

4 完全混合後，加入剩餘的牛奶和 ⅓ 杯的糖，繼續攪拌。

5 煮滾，小火慢滾並且繼續攪拌約 30 秒，即完成牛奶麵糊。

6 離火，略微放涼；然後一顆一顆打入蛋黃，以及可以省略的軟化奶油，攪打均勻。

7 將蛋白逐漸打發後（濕性打發、軟峰狀態），撒入 2 大匙的糖，然後將蛋白打成堅挺發亮的尖峰狀（乾性打發狀態，參見 Tips 85）。

8 在基礎醬底（編按：第 161 頁的步驟 1-4）加入純香草精，攪拌均勻，然後攪入 ¼ 的步驟 7 讓醬底變得較為輕盈。

9 輕柔地拌摺入剩餘的打發蛋白，然後將混合好的麵糊倒入準備好的烤模中。

10 放入烤箱，將溫度降到 375°F（約 190°C）；烤到舒芙蕾麵糊開始膨起，並且呈現金棕色，大約需要 20 分鐘。

11 快速拉出烤架，將糖粉撒在舒芙蕾表面。

12 繼續烤，當膨脹超過紙圈高度。取下紙圈，立刻上桌。

如何判斷是否烤好？請參考 Tips 66 說明。

編按：bouillie 在法語中的字面意思是「煮成糊狀的」，指一種由麵粉（或其他澱粉）與液體煮成的濃稠糊狀醬料，一般譯為糊狀醬，臺灣商務出版之茱莉亞著作《法式料理聖經》稱之為「麵糊法」。

+ 變化

+ **甘邑橙酒香橙舒芙蕾** 按照基本食譜製作基礎醬底，但是將一大顆柳橙的皮屑（只用有顏色的部分）和 ⅓ 杯的糖在果汁機或食物處理機內打成泥，加入基礎醬底中。僅須拌入 2 茶匙的香草精，但是要加入 3 大匙的甘邑橙酒（Grand Marnier）。

+ **巧克力舒芙蕾** 遵循前述基本食譜，但準備 2 夸特（約 1.9 公升）容量的烤模，8 人份。

  1. 將烤箱預熱至 425°F（約 218°C）。
  2. 用 ⅓ 杯的濃咖啡，融解 7 盎司的半甜巧克力（見 Tips 90）。
  3. 根據基本食譜製作牛奶麵糊，但分量改為 ⅓ 杯麵粉和 2 杯牛奶；在小滾狀態以打蛋器攪拌 2 分鐘。
  4. 離火，打入 3 大匙奶油（可省略），1 大匙香草精和一大撮鹽，4 顆蛋黃和融化的巧克力。
  5. 將 6 顆蛋白濕性打發（呈軟峰狀），加入半杯糖，繼續打發至堅挺發亮的尖峰狀（乾性打發，參見 Tips 85）。
  6. 將舀起的巧克力醬沿著打發蛋白的碗沿流入，快速拌摺均勻。
  7. 將步驟 6 倒入烤模中，放入烤箱，溫度調降至 375°F（約 190°C），烤 40 分鐘或直到開始膨高。
  8. 撒上糖霜，繼續烤製完全熟透（參見 Tips 66）。
  9. 可以和略微打發的香緹鮮奶油（參見 Tips 86）搭配食用。

←以打蛋器打發蛋白的兩大狀態：軟峰狀（soft peak），一般稱之為濕性打發狀態；堅挺發亮的尖峰狀（stiff peak），則為乾性打發狀態（第 181 頁照片）。皆是使用打蛋器將空氣打入蛋白中。

風味卡士達
Savory Custards

我們常常只把卡士達醬（custards，蛋奶醬）當作甜點，特別是大家都喜歡的甜點「烤焦糖卡士達布丁」（我現在就想要吃一個！）。其實，卡士達也可以做為午餐或是晚餐的主菜，或與爐烤、炙烤與牛排等搭配食用。

每當你在規劃菜單時，若想到舒芙蕾，不妨也考慮採用另一個選項，卡士達，花稍的說法是奶油盅（timbale）。這其實比較容易製作，也不需要擔心蛋白打得是否完美、會不會塌下來的問題。

卡士達可以保持形狀，可以等待上菜時間，可以重新加熱，而且吃起來口感滑順，帶來感官上的愉悅感受。

基本食譜

青花菜奶油盅

Individual Broccoli Timbales — Molded Custards

5 至 6 盎司（⅔ 至 ¾ 杯）的烤模，6 至 8 人份。

- 1.5 至 2 大匙的軟化奶油（用在烤模）
- 4 顆大型的蛋
- 2 杯，煮熟、切碎、調味過的青花菜朵（參見第 63 頁）
- 2 大匙碎洋蔥
- 0.5 杯新鮮的白麵包碎（參見 Tips 36）
- 2 至 3 大匙切細碎的新鮮巴西里
- 0.5 杯（2 盎司）輕壓平的碎瑞士、巧達或莫札瑞拉乳酪
- 0.5 杯鮮奶油或牛奶
- 0.5 茶匙鹽
- 轉數圈的現磨白胡椒粉
- 數滴塔巴斯可辣醬，可省略

1 **預先準備好**：一只深烤盤（排放烤模之用），一壺滾水。

2 將烤架置於烤箱下層 ⅓ 處，並預熱至 350°F（約 177°C）。

3 將烤模內壁抹上軟化的奶油。

4 在攪拌碗中，以打蛋器將蛋打勻，然後拌摺入其它所有的材料。仔細品嘗，調整調味。

5 用勺子將混合物舀入烤模中，大約填至 ⅔ 滿。

6 在深烤盤內將烤模排放整齊，送進烤箱。

7 將烤架拉出，（在深烤盤內）倒入熱水至烤模一半高度。

8 小心地將烤架推回烤箱中，烤 5 分鐘。

9 然後將烤箱溫度調降至 325°F（約 163°C），再烤約 25 分鐘。

10 期間注意調整烤箱的溫度，讓深烤盤中的水維持在不至於沸騰，但是幾乎要冒泡的狀態。

11 **如何判斷是否烤好？**把長籤刺入卡士達中央，抽出來時是乾淨、不沾糊的。

12 小心地將烤盤拉出烤箱，讓烤模靜置至少 10 分鐘。如有需要可以稍微延長時間。

13 要脫模時，用一把銳利、薄刃的刀，插入烤模的內緣劃一圈，然後倒扣至預熱好的溫盤上。

食用建議：可以撒上烤過並拌入奶油的麵包碎（參見 Tip 36），或是淋上番茄醬（參見 Tips 22），或是摻入切碎新鮮香草的白醬（參見第 35 頁）。

+ 變化

+ **大型奶油盅**　在 4 至 5 杯分量的舒芙蕾烤模或是高邊的烤盤內抹上奶油，倒入卡士達醬。排放在深烤盤內，倒入滾水至烤模的一半高度。如前述般地烤。

+ **玉米布丁盅**　按基本食譜製作，但是用 2 杯的新鮮玉米粒取代青花菜（約 8 至 10 根玉米所刮下），並加入 1 大匙的新鮮碎巴西里（荷蘭芹）。

+ **其他變化**　煮過的碎菠菜、蘆筍尖、蘑菇、青椒和甜椒、貝類、火腿……，都可以取代卡士達中的青花菜。這是個多變化的配方。

烤卡士達甜點
Molded Dessert Custards

基本食譜

焦糖卡士達布丁
Caramel Custard

容量 2 夸特（約 1.9 公升）的直壁烤模，8 至 10 人份。

- 1 杯糖和 ⅓ 杯水，製作焦糖之用
- 6 顆「大型」的蛋
- 5 顆蛋黃
- ¾ 杯糖

- 1 夸特（約 946ml）熱牛奶
- 1 大匙純香草精
- 1 小撮鹽

1 **預先準備好：**一只深烤盤，一壺滾水。

2 將烤架置於烤箱中下層，預熱烤箱至 350°F（約 177°C）。

3 將糖和水煮到焦糖狀態（方法參見 Tips 87），將一半倒入直壁烤模中，快速旋轉，讓焦糖均勻塗覆底部和內壁邊緣。

4 在鍋中剩餘的焦糖中，加入 4 至 5 大匙的水，小火慢滾煮至焦糖融解，成為焦糖淋漿。放一旁備用。

5 在調理碗中，用打蛋器攪拌（不可以用力快速打，因為會產生氣泡）全蛋、蛋黃和糖，直到混合均勻。

6 然後，先加入少量熱牛奶，輕輕攪拌使糖融化，再慢慢加入剩餘的牛奶。最後加入香草精和鹽。

7 以細網孔篩過濾步驟 6 入直壁烤模（步驟 3）內，放入深烤盤中，並倒入滾水至直壁烤盤的一半高度。

8 約烤 1 小時，每 15 分鐘檢查一次，以確定深烤盤中的熱水維持在接近沸騰而不沸騰的狀態，也就是只有小泡泡即可。**如果水太熱**，卡士達就會產生顆粒，水若是不夠熱，就會花數個小時才能烤好。

9 如何判斷是否完成？當布丁的中心仍舊微微顫動，但是插入布丁邊緣 1 吋處的竹籤抽出來的時候是乾淨的，就好了。

10 將直壁烤模從深烤盤中取出，讓布丁靜置至少 30 分鐘。

11 **脫模**：用一把薄刃的刀插入布丁和烤模的邊緣之中，轉一圈。將盤子倒扣在烤模上，然後翻轉過來，布丁就會慢慢地滑出了。食用時，將步驟 4 焦糖淋漿倒在布丁的周圍。

冷熱皆宜：布丁可以熱食、室溫食用或是冷藏後食用。如果要冷藏請先冷卻，必須加蓋，可冷藏保存兩天。

+ <u>變化</u>

+ （單杯）**焦糖布丁盅**　前述的比例能填滿一打 ⅔ 杯量，直徑 3.5 吋（約 9 公分）的小烤模。如前述在烤模中鋪上焦糖，然後倒入卡士達醬，放在熱水中以 325°F（約 163°C）烤 20 至 25 分鐘，直到邊緣凝固，但是中央仍微微顫動，即可脫模食用。

+ （單杯）**蛋白椰絲餅乾卡士達盅**　如前述，在個別的碗中塗覆焦糖，等到硬化後，抹上奶油。撒入壓碎的蛋白椰絲餅乾（macaroo，見第 199 頁），覆蓋住底部和邊緣。倒入卡士達醬，然後如前述般地烤和脫模。

甜點卡士達淋醬和餡料
Custard Dessert Sauces and Fillings

卡士達醬（蛋奶醬）絕對是任何廚師都會做的基本醬料，但是其中最重要也最實用的，就是英式蛋奶醬（經典卡士達醬），是許多甜點、冰淇淋、布丁和其他淋醬的基礎。

和荷蘭醬（奶油蛋黃醬）一樣，你必須處理變化莫測的蛋黃*，但只要記住，你才是掌控者，唯一需要你全神貫注的就是火候的控制。

編按：蛋黃對溫度極為敏感，溫度稍高會凝固，溫度過高會結塊，加熱不均會產生顆粒。攪拌程度會影響最終質地，打太過可能會分離，容易起泡，冷卻過程中還可能會有變化。因此茱莉亞形容蛋黃「變化莫測」。

英式蛋奶醬（經典卡士達醬）

Crème Anglaise — Classic Custard Sauce

約 2 杯

- 6 顆蛋黃
- 0.5 杯糖
- 1.5 杯熱牛奶
- 3 大匙奶油，可省略

- 1 大匙純香草精
- 2 大匙黑蘭姆酒、甘邑
  或其他的利口酒，可省略

1 在蛋黃放在 2 夸特（約 2 公升）容量的不鏽鋼醬汁鍋內打發，並一匙一匙地加入糖。

2 繼續攪拌 2 至 3 分鐘，直到蛋黃呈現濃稠狀、淡黃色，並且滴回碗中時會短暫地維持帶狀（參見 Tips 85）。

3 然後開始慢慢地攪拌入熱牛奶，起初要一滴一滴慢慢地加。

4 放在中火上加熱，用木杓緩慢且持續地攪拌，確保觸及到鍋底每個角落，讓卡士達醬逐漸受熱變稠，千萬不要讓它接近沸騰。

5 如果看起來太熱，就將鍋離火；待溫度降低後，再繼續加熱使醬汁變稠。

6 等到表面氣泡開始消失，且可以看到一絲蒸氣升起時，就快要大功告成了。

7 **怎樣才算完成了？**醬汁會在湯匙上形成一層乳狀薄膜（第 256 頁，包裹湯匙）。

8 最後打入奶油（可省略）、香草精和酒（可不加），攪拌均勻。

9 可溫熱、室溫或冷藏後食用。

10 **保存：**請記住這是「蛋黃」醬，不能在室溫下放置超過半小時。如需保存 2 至 3 天，就必須待冷卻後加蓋放入冰箱冷藏。

漂浮島
Floating Island

經典卡士達醬的一種戲劇性呈現，
淋著焦糖的一大塊蛋白霜，漂浮在一片卡士達海洋上。
6 至 8 人份

1. 將奶油抹在 4 夸特（約 3.8 公升）容量的直壁烤盤，並撒上糖粉（細砂糖）。

2. 將烤架置於烤箱的中下層，並且預熱至 250°F（約 120°C）。

3. 將 ⅔ 杯的蛋白（約需 12 顆）打發至軟峰狀（濕性打發，見 Tips 85），然後逐大匙加入總共 1.5 杯的糖繼續打發至堅挺發亮的尖峰狀（乾性打發）。

4. 將步驟 3 倒入烤盤內。烤 30 至 40 分鐘，直到蛋白霜膨脹至 3 至 4 吋（約 7 至 10 公分）高，插入中心的竹籤取出時是乾淨、不沾黏為止。從烤箱中取出放涼，蛋白霜會塌沉下來。（可提前數天烤好；可冷凍保存）。

5. 將蛋白霜脫模到烤盤上，然後切成 6 至 8 塊。

食用時

1. 倒 2 杯經典卡士達（參見前頁食譜）到圓盤中。

2. 放切好的蛋白霜排放在卡士達醬上。

3. 煮沸 1 杯糖和 ⅓ 杯的水至焦糖狀態（見 Tips 88），等到略微冷卻成濃稠醬狀時，用叉子在蛋白霜上織出裝飾性的焦糖絲。

法式奶油餡（法式卡士達餡）

Pastry Cream — Crème Patissière

亦即填入派、塔、蛋糕和各式甜點內的卡士達餡料。
製作約 2.5 杯的分量

1. 在不鏽鋼醬鍋中，以打蛋器打散 6 顆蛋黃，邊攪邊慢慢加至 0.5 杯的糖和一小撮鹽。

2. 繼續打直到蛋液變濃稠且呈現淺黃色，能短暫維持帶狀（見 Tips 85）。

3. 篩入 0.5 杯的麵粉或是玉米澱粉並攪拌均勻。

4. 一開始慢慢地、少量地攪拌入 2 杯熱牛奶；或鮮奶油與全脂牛奶各半的混合液。

5. 慢慢地攪拌至沸騰，然後快速地用力打數秒鐘，以完全打散可能有的凝塊。

6. 小火慢滾 2 分鐘，持續用木匙以畫圓圈方式攪拌，使麵粉或澱粉熟透。

7. 離火，攪拌加入 1 大匙的純香草精，可視喜好拌入 2 大匙無鹽奶油和蘭姆酒（或櫻桃白蘭地）。

8. 用細網篩過濾入碗中。放涼，偶爾攪拌一下以避免凝塊形成。

保存：在表面貼上保鮮膜，以防止形成皮膜。加蓋，在冰箱冷藏室內可放 2 至 3 天，或是冷凍保存。

+ 加料和變化

+ **將醬調稀**　拌入 0.5 杯的打發鮮奶油。或者，要增加體積和持久度，可以與 2 杯義大利蛋白霜（見第 229 頁）混合；只要將兩者輕輕拌勻，就完成了希布絲特奶油餡（crème Chiboust），可以用於蛋糕的夾餡料或糖霜，或是做為水果塔的卡士達醬基底。

編按：又稱奶油卡士達，是法式甜點的基礎內餡。

沙巴庸

Sabayon

水果甜點用的酒味卡士達醬

1. 將 1 顆全蛋、2 顆蛋黃、0.5 杯糖、1 小撮鹽、⅓ 杯瑪莎拉酒（也可用雪莉酒、蘭姆酒或波本威士忌）和 ⅓ 杯的不甜苦艾酒放入不鏽鋼鍋中，以打蛋器攪拌至均勻。

2. 在中小火上，慢慢地攪拌 4 至 5 分鐘，直到醬汁變濃稠、開始起泡，用手指觸摸時感覺非常地溫熱，但是不可煮到冒泡沸騰。

3. 可溫熱或冷卻後食用。

在巧克力甘那許（chocolate ganache，巧克力淋醬，見第 230 頁）風靡之前，經典巧克力慕斯是最普遍的。而甘那許的製作更快速、簡單，只需要將融化的巧克力和重鮮奶油混合即可。透過拌入打發的蛋白霜，讓甘那許變得更誘人，如果再拌入義大利蛋白霜（見第 229 頁），則能讓口感更上一層樓。

不過，下述這款滑順、濃郁、絲絨般的經典巧克力慕斯，仍然是我最愛的巧克力慕斯。

經典巧克力慕斯

Classic Chocolate Mousse

約 5 杯的慕斯，6 至 8 人份。

1. 將 6 盎司（約 170 公克）的半甜巧克力放入 4 大匙濃咖啡中，放置融化（見 Tips 90）。

2. **軟化奶油**：將 1.5 條無鹽奶油粗略切片，放置軟化。

3. **蛋黃糊**：
   1. 在碗中將 4 顆蛋黃和 ¼ 杯的柑橘利口酒打勻，慢慢地加入 ¾ 杯糖，繼續打直到呈現濃稠、淺黃色，並且能短暫地維持帶狀（見 Tips 85）。
   2. 將碗放在一鍋幾近沸騰的熱水鍋上，繼續打 4 至 5 分鐘，直到起泡、手指觸感溫熱。
   3. 離火，在一碗冰水上繼續打（或用立式攪拌機），直到變涼、濃稠，而且再次呈現帶狀。

4. **巧克力蛋黃糊**：當巧克力融化後，將軟化奶油均勻拌入，攪拌融合之後，再拌摺入蛋黃糊中。

5. **打發蛋白**：將 4 顆蛋白打發至軟峰狀，然後加入 2 大匙的糖，繼續打成堅挺、閃亮的尖峰狀（見 Tips 85）。

6. 先將 ¼ 打發蛋白攪拌入巧克力蛋黃糊中，再將剩餘的打發蛋白以拌摺方式小心地混合進來。

7. 將慕斯倒入 6 杯量的盛器、個別的杯子或奶酪杯中。

8. 加蓋，冷藏數小時（慕斯可以放在冷藏室中保存數天）。

食用：可搭配略微打發的鮮奶油（見 Tips 86）或是第 173 頁的經典卡士達醬一同享用。

↑ 準備好要起飛的鵝。

↑ 一隻長柄的刷子方便幫火雞上油。

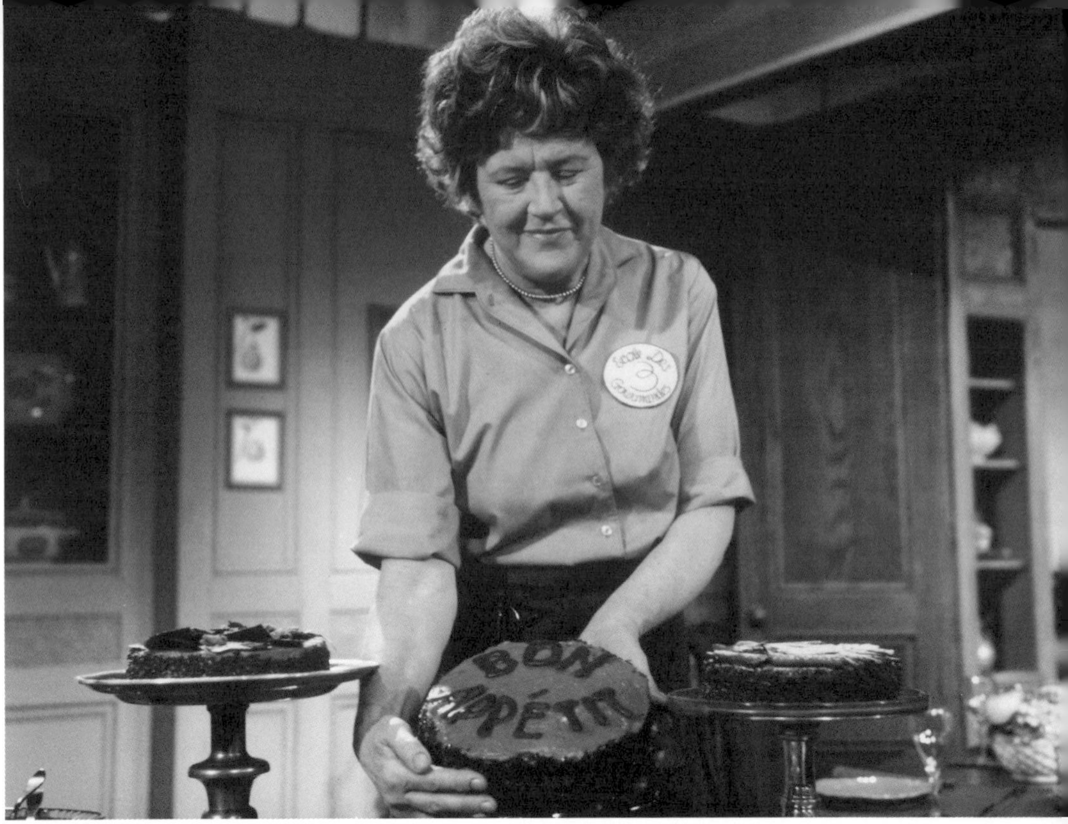
BON APPÉTIT

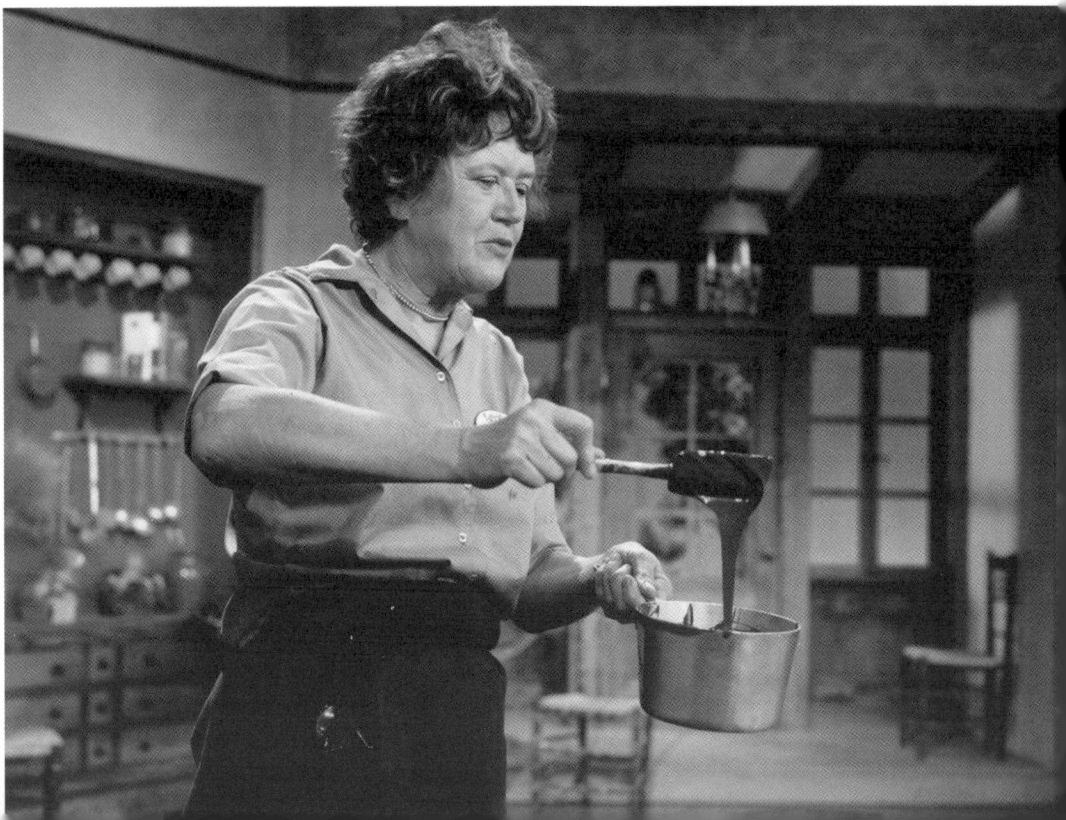

↑ 圓麵包塑形。
→ 把蛋白打發至成堅挺、閃亮的尖峰狀（乾性打發）。
↖ 驕傲地展現完成的蛋糕。
← 讓融化的巧克力變得滑順。

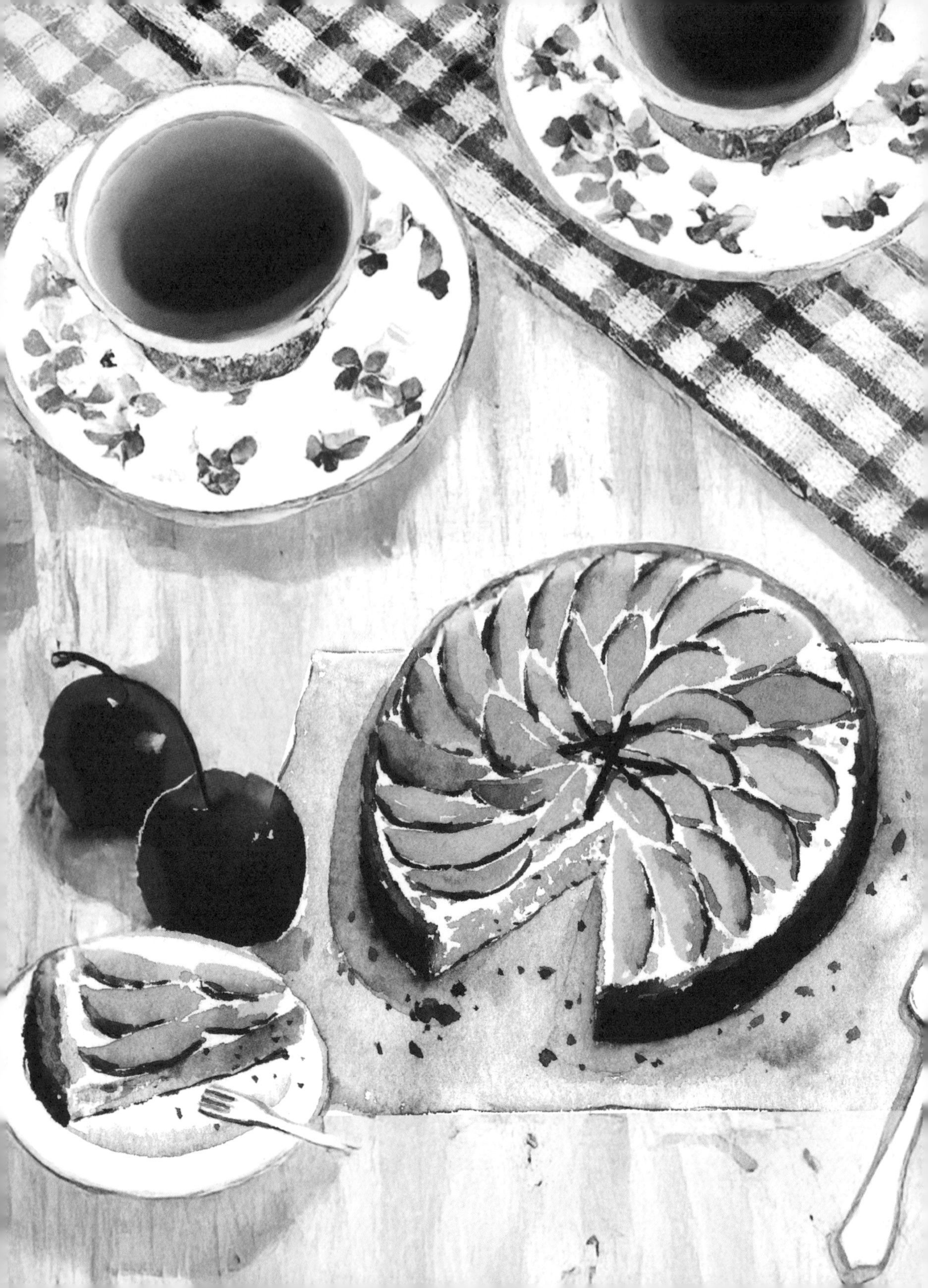

Chapter 6

麵包、可麗餅和塔

Breads, Crêpes, and Tarts

當然,你可以買現成的派皮,
但是不知道怎麼做就太可惜了。

麵包
Breads

發酵麵包（yeast bread）是範圍廣大的主題，不但包含了白麵包和法國麵包，還有可頌麵包、布里歐麵包、黑麥麵包、全麥麵包和黑裸麥麵包、酸麵包，等等。因此，在這本小書中，我只專注於介紹一些適用於所有這些麵包的基本。

白麵包、法國麵包、披薩和硬麵包的基礎麵團
Basic Dough for White Bread, French Breads, Pizzas, and Hard Rolls

足以填滿一個 2 夸特（約 1.9 公升）的吐司烤模，
可製作出 2 個胖法國麵包、3 條 18 吋的法國棍子麵包、
2 個 9 吋（約 23 公分）的圓麵包、2 個 16 吋的披薩或 12 個餐包。

- 1 包（略少於 1 大匙）活性乾酵母粉
- ⅓ 杯溫水
  （不超過 110°F〔約 43°C〕）
- 1 小撮糖
- 1 杯冷水，視需要可更多

- 3.5 杯（1 磅）未經漂白的中筋麵粉，或是高筋麵粉，視需要可用更多
- 1 大匙黑裸麥或是全麥麵粉
- 2¼ 茶匙鹽

1. 用溫水和糖測試酵母粉是否仍有效（見 Tips 67），然後混入冷水中。
2. 將量好的麵粉和鹽放入裝好鋼刀片的食物處理機內。用慢速攪拌並慢慢加入酵母和水，視需要可再加入少許冷水，直到麵團在攪拌鋼刀上方呈球狀為止。
3. 再多轉 8 至 10 圈，然後停止機器，用手觸摸一下麵團。應該具有相當的柔軟度且富有彈性。如果太濕，再加入約 1 大匙麵粉；太乾，則一點點地加入冷水。
4. 靜置麵團 5 分鐘。
5. 再攪拌麵團 15 秒左右，然後取出放在撒過麵粉的麵板上，休息 2 分鐘後快速地用 Tips 68 的手法揉麵團 50 下。

Tips 67 ｜ 檢驗酵母粉

聰明的作法是要檢驗酵母粉是否仍然有效。將 1 大匙的活性乾酵母粉和 3 大匙的溫水和一小撮糖放入杯中。如果在 5 分鐘之內開始冒泡，就表示酵母還活著！

Tips 68 ｜ 最後用手揉麵團

如果在調理機內揉過頭，麵團會發熱，此外，麵團裡面的麵筋纖維可能會斷裂，導致無法完全發起。

要完成麵團的製作，將麵團對折，然後用手掌根部，用力、而且快速而有力地向前推揉出去。

重複 50 次，直到麵團變得光滑有彈性，而且在拉伸麵團時能保持完整不斷裂。除非你用手捏住一塊麵團，否則麵團不應該黏手。

第一次發酵

6. 將麵團放入一個大約 4 夸特（約 4 公升）大小、邊緣相當平直、無油的乾淨碗中。用保鮮膜和毛巾將碗蓋住，放在無風的位置，理想溫度是 75°F（約 24°C）。麵團應該會膨脹至原本體積的 1.5 倍大，通常需時 1 小時。

第二次發酵

7. 將麵團放在撒過麵粉的檯面上。擠壓麵團、拍打成 14 吋（約 35.5 公分）見方的長方形，然後折成 3 折。

8. 再重複一遍，然後放回碗中，覆蓋、再發酵一次。將會膨脹成原來大小的 2.5 至 3 倍大，通常需要 1 至 1.5 小時。

9. 等麵團幾乎是三倍大時，就可以將麵團塑形，烘烤了。

Tips 69 ｜ 靜置麵團

麵粉含有澱粉和麵筋（麩質）。麵筋將麵粉顆粒凝聚在一起形成麵團，並且又能在發酵後保持麵團的結構和形狀。但是在揉麵的過程中，麵筋也會產生抗性，使它越來越不容易操控。當麵團很難擀開，就停下來讓麵團靜置（休息）10 分鐘左右。麵筋就會放鬆，你就可以繼續了。

Tips 70 ｜ 發酵的溫度

理想的發酵溫度是 70 至 75°F（約 21 至 24°C）。溫度越熱，麵就發得越快，發酵太快會影響風味的形成。溫度低一點沒關係，甚至可以放到冰箱冷藏，這樣反而能得到更多的風味，只不過麵團發酵就會需要更長的時間：環境溫度越低，發酵的時間就越長。

Tips 71 ｜ 烘焙法國麵包的器具

法國麵包不僅在發酵時是自由成形的，烘焙時也不需要烤模。但如果沒有適當的器具，製作起來會很困難。以下是你需要的器具。

高溫烘烤表面（烤石或陶板）

法國麵包在金屬烤盤上是無法正確完成烘烤的，必須將麵團滑到烤石或是披薩石上面，或者在烤箱的烤架上鋪放陶板（瓷磚），可以在廚房設備專賣店或是建材行購得。

脫模板和滑鏟

發酵完成的麵團，必須要從撒了麵粉的布巾上脫模，然後滑放至熱烤板上。我用的是一支在房屋裝修器材行買到的 ⅜ 吋（約 1 公分）厚、8×20 吋（約 20×50 公分）大小的合板做為脫模板（unmolding board），用來脫模、將單條麵團滑放至烤箱。另外還有一塊比我的烤箱窄 2 吋（約 5 公分）的 20 吋板子當做滑鏟（sliding board），用來滑放多條長麵團和麵包捲。

粗玉米粉

在滑動板撒上粗玉米粉，能避免麵團沾黏。

蒸氣

為了要延長發酵時間並讓外皮定型，在烘焙的前幾秒內需要一些蒸氣。**在電烤箱內**，只要在關門前，在底部的烤盤內倒入 0.5 杯水即可。**在瓦斯烤箱內**，預熱時在烤箱最底層放一只鑄鐵煎鍋，等到要烤麵包時，在鍋內倒入熱水即可。

Tips 72 ｜ 麵包烤好了沒？

麵包應該感覺很輕，同時在敲打的時候會發出悅耳的聲音，但是要直到插入溫度計顯示 200°F（約 93°C），才算完成。

做 + 烤兩條長型法國麵包
To Form and Bake 2 Long French Loaves

這裡的特殊揉捏動作，是為了讓麵團形成一層麵筋（麩質）外膜，在不用烤模情況下，讓麵團也能保持其特有的形狀。請隨時在工作檯面上撒上一層薄薄的麵粉，這樣逐漸形成的麵筋外膜才不會破裂。

做兩條法國麵包

1. 在一個無邊（或倒置）的烤盤上，鋪上一條輕撒麵粉的棉質或亞麻布巾，用來放置塑形完成的麵團。

2. 將基礎麵團切成兩塊，然後分別對折。

3. 先將一塊麵團蓋起來；另一塊則推壓成約 8×10 吋（約 20×25 公分）大小的長方形。

4. 沿長邊對折。用拳頭用力拍打、壓實邊緣，讓邊緣密合起來，並且將麵團壓扁回長方形。

5. 將麵團捲起，縫朝上，然後用手掌側邊（手刀）用力地在縫上面壓出一條溝。

6. 以這道溝為準，再次將麵團沿長邊對折，並再次用力將長邊壓實密合。

7. 從麵團中間開始，用張開的手掌將這條麵團滾動，同時慢慢地將雙手往兩側搓揉外推，在滾動過程中拉伸麵團。直到麵團被搓揉成 18 吋（約 46 公分）的長度（不要比你的烤盤長）。

8. 然後，接縫面朝上，放在撒過薄薄麵粉的布巾上（一半的位置上）。這時候，我喜歡沿著邊緣將接縫處再次捏緊，以確保完全密合。

9. 用另一塊撒了麵粉的毛巾鬆鬆地蓋上。然後用相同的手法幫另一塊麵團塑形。

10. 沿著第一塊麵團的旁邊，拉起一道布摺，好分隔兩塊麵團，然後放好第二塊麵團。

烤前最後一次發酵

11 通常需要 1 至 1.5 小時。用撒過麵粉的毛巾蓋住兩塊塑形好的麵團，讓麵團膨脹成一倍。

12 在等待發酵的期間，請準備好所有烘烤用具（Tips 71），好在發酵完畢後立刻進行烘焙。

烤兩條法國麵包

1 將烤架置於烤箱的中或中下層，放好烤石或陶板（瓷磚），將烤箱預熱至 450°F（約 230°C）。

2 在滑鏟撒上粗玉米粉，然後準備好便於拿取的即時讀取溫度計和脫模板。

3 取下覆蓋的毛巾，將脫模板貼進內側的麵團，提起另一側的毛巾，將麵團翻過來，平滑面朝上落在脫模板上，然後，將麵團輕推到滑鏟的一側。重複地將第二塊麵團翻上滑鏟。

4 將麵團的一端推到滑鏟的邊緣。以幾乎平躺的刀，在麵團上劃出三道開口。

5 打開烤箱門，將滑鏟放入烤箱內，距離烤箱底邊 1 吋（約 2.5 公分）的位置，然後迅速地將滑鏟從麵團下抽離，將麵團留在熱烤石上。立刻在烤箱底或是鑄鐵煎鍋中倒入 0.5 杯水（見 Tips 71 蒸氣）。關起烤箱，烤 20 分鐘。

6 將溫度降到 400°F（200°C）再烤 10 分鐘左右，直到完成（參見 Tips 72）。

7 取出麵包，放在架子上放涼。

+ 變化

+ **棍子麵包** 　在第二次發酵之後，將麵團分成三等分。塑形、滾動、拉長成直徑 2 吋（約 5 公分）條狀；進行第三次發酵，直到膨脹成兩倍大。像前述一般麵包的烘烤方式，但是將溫度降至 400°F（約 200°C）5 分鐘後，就要檢查是否已烘焙完成。

+ **用吐司烤模烘焙** 　在 2 夸特的吐司模內抹上奶油。
  1. 將麵團塑成比模略小的長方形。對折、再對折，如果是長形吐司模，就要塑型成一個長方形。
  2. 將接縫朝下放在模內，將麵團擠壓入邊角。發酵直到膨脹成兩倍大。
  3. 在此同時，將烤架置於烤箱下層，並預熱至 450°F（約 230°C）。
  4. 在麵包的表面中央劃一道，然後烤 20 分鐘。
  5. 將溫度降至 400°F（約 200°C）再烤 10 分鐘。
  6. 等到完成（參見 Tips 72）後，脫模、在架上放涼。

+ **法式硬皮小餐包** 　在第二次發酵後，將麵團分成 12 塊。
  1. 將每塊麵團對折。然後放在手掌下搓揉，直到形成一個球。
  2. 將底部捏合，然後光滑面朝下放在撒過粉的毛巾上。用另一條毛巾覆蓋住，進行最後一次發酵，直到體積增至兩倍。
  3. 如基本食譜與 Tips 71 所述，準備烤箱並預熱至 450°F（約 230°C）。
  4. 每次將 3 至 4 個餐包平滑面朝上，放在撒過粗玉米粉的滑鏟上。
  5. 在側面劃一圈，或是在表面劃上交叉的刀口。
  6. 將麵團滑上烤石，然後快速地處理其餘的麵團。
  7. 如基本食譜與 Tips 71 所述製造蒸氣。烤 15 至 20 分鐘，然後將溫度降至 375°F（約 190°C），再烤數分鐘，直到完成（參見 Tips 72）。

+ **圓形鄉村麵包（一大顆或多顆）** 在第二次發酵之後，將麵團放在撒過粉的檯面上，以基本食譜中相同的方式擠壓出空氣。將整個麵團製作成一顆大麵包，或是切割成兩塊，製作成兩塊較小的麵包。

1. 將麵團拍成圓餅狀，對折，轉 90° 再對折，重複 6 至 8 次，直到麵團變成厚厚一片。
2. 翻轉麵團，在雙掌之中旋轉、搓揉的同時將邊緣塞入下方（向下摺疊），直到形成一個光滑、圓形的麵團。
3. 將麵團翻面，光滑面朝下。將邊緣捏緊，放在撒過粉的毛巾上，並以另一條毛巾覆蓋。（如果製作兩塊麵包，對剩下的麵團重複此步驟。）
4. 繼續發酵至體積膨脹超過兩倍大。按照基本食譜的方法，將烤箱預熱至 450°F（約 230°C）
5. 將麵團的光滑面朝上，放到撒過粗玉米粉的滑鏟上。用刀在表面劃出裝飾性的紋路，例如，交錯線條或是樹枝狀。
6. 將麵團滑入烤箱，製造蒸氣，按照基本食譜的方法烘焙。
7. 較大的麵團可能須以 375°F（約 190°C）多烤 10 至 15 分鐘。

Tips73 | 手揉麵團

如果你喜歡完全用手揉麵團，可以在一個結實的碗中，用木匙將所有的材料混合在一起，然後將麵團放在撒過麵粉的料理台上。剛開始的時候，用刮刀鏟起麵團，然後用力地摔在檯面上數次，直到麵團開始成形。休息 5 分鐘。之後如前述方式，繼續用手揉麵團（見 Tips 68）。

+ **披薩** 製作 2 張直徑 16 吋（約 40 公分）的番茄披薩。

1. 將烤架放在烤箱中下層，並將烤箱和披薩石預熱至 450°F（約 230°C）。
2. 將麵團揉成兩個平滑的球狀，覆蓋，休息。
3. 10 分鐘後，撒少許麵粉在披薩鏟上。
4. 在披薩鏟上將麵團擀平、用手指拉扯擠壓，直到形成圓形薄片，或是像專家那樣用兩個拳頭支撐、扭轉、拋起。你得見識過才可能會做！
5. 在麵團表面刷上大量的橄欖油，撒上 0.5 杯的刨碎硬乳酪，再鋪上 2 杯新鮮的番茄醬（Tips 22）。
6. 再淋上一些橄欖油，撒上約 0.5 杯刨碎的莫札瑞拉乳酪，撒上一些百里香、奧勒岡或是義大利香草，少許鹽和胡椒。
7. 最後再淋上更多的油，以及再 0.5 杯的刨碎硬乳酪。
8. 將披薩滑上已預熱的烤石，烘烤 10 至 15 分鐘，或直到表面開始冒泡，邊緣膨起，底部變得酥脆。在烤第一片披薩時，準備第二片披薩。

用麵包機烤麵包：白吐司

Baking in the Machine: White Sandwich Bread — Pain de Mie

好的白吐司其實不太好找，當我只需要一條白吐司時，我喜歡用麵包機。不過我不直接用麵包機烘烤，因為我不喜歡烤出來的模樣，但用麵包機來攪拌和發酵非常方便簡單。以下是我的配方，適用任何標準尺寸的麵包機。

8 杯容量直壁吐司麵包烤模

1. 用 1.5 大匙溫水和一小撮糖，在杯中檢測 2 茶匙酵母粉（參見 Tips 67）。

2. 在此同時，用半杯牛奶融化半條切成大塊的無鹽奶油，然後加入 1 杯冷牛奶降溫。

3. 倒入麵包機中，加入 2 茶匙的鹽、1.5 茶匙糖、3.5 杯的中筋麵粉和檢測過的酵母粉。選取麵團程序。

4. 在發酵後，取出麵團，壓平，摺成三份，然後再放回機器內進行第二次發酵。然後麵團就可以進行塑形和烘烤了。

5. 可以吐司烤模烘焙（見第 190 頁），若是想要四邊都平坦的吐司，則將吐司模抹好奶油，放入的麵團不可超過烤模 1/3 的高度，然後繼續讓麵團發酵直到膨脹成兩倍大。（可將多出來的麵團揉成小餐包或是製作成小條吐司。）

6. 將吐司模頂部用抹過奶油的錫箔包起來，放入預熱至 425°F（約 218°C）的烤箱中下層。

7. 在吐司模上方放一個烤盤，壓上 5 磅（約 2.3 公斤）的重量，如磚頭或是金屬物。烤 30 至 35 分鐘，直到麵團膨脹充滿吐司模，呈現漂亮的棕色。

8. 將錫箔取下，再烤 10 分鐘左右，直到吐司能夠輕易地脫模。內部溫度應達到 200°F（約 93°C）。

兩種麵包甜點
Two Desserts Based on Breads

蘋果夏洛蒂蛋糕
Apple Charlotte

10 人份

- 4 磅（約 1.8 公斤）在烹調後能維持住形狀的結實蘋果，去皮切成 0.5 吋（約 1.3 公分）的小塊
- ⅔ 杯澄清奶油（見 Tips 27）
- 0.5 杯紅糖
- 1 顆檸檬的碎皮
- 1 小撮肉桂粉
- ⅓ 篩過的杏桃果醬
- 2 茶匙純香草精
- 3 大匙牙買加黑蘭姆酒
- 13 片扎實的切邊白吐司（第 193 頁）
- 1 杯杏桃鏡面果膠（見 Tips 91）
- 1.5 杯經典卡士達醬（crème anglaise，參見第 173 頁）

↑ 夏洛蒂烤模

1 將烤架放在烤箱的中間或中下層，並預熱至 425°F（約 218°C）。

2 用 2 大匙的奶油炒蘋果 2 至 3 分鐘。

3 撒上紅糖和碎檸檬皮，繼續炒 5 分鐘左右，直到蘋果開始上色，並且焦糖化。

4 攪拌入肉桂粉、杏桃果醬、香草精和蘭姆酒，再炒 2 分鐘左右，直到蘋果吸收所有的液體。

5 將 4 片吐司在工作檯面上排成正方形。將一個 6 杯容量的圓形直壁烤模（如夏洛蒂烤模）放在吐司正中央，沿底部切成圓形、備用，共完成 4 片。

6 再取一片吐司，切出直徑 2 吋（約 5 公分）的圓形備用。

7 在平底煎鍋內加熱 3 大匙的奶油，將已切、未切的白吐司，兩面煎至上色。再將切下的吐司邊角料也煎至上色。

8 烤模底部抹上奶油，鋪上一圈蠟紙。將煎過的 4 片圓形白吐司鋪在蠟紙上（但不放步驟 6）。

9 將餘下的麵包沿長邊切半，一塊塊地浸入剩餘的奶油中，然後略微交疊地直立在烤模內側。

10 將炒過的蘋果和煎過的吐司邊交替鋪入烤模中（作為填充物），直到高出烤模邊緣 ¾ 吋。

11 將烤模放入烤箱中層的烤架上，並在烤模下方放置一只烤盤，以接住可能會流出的汁液。

12 烘焙約 30 分鐘左右，期間數次用刮刀或鏟子壓一壓蘋果；直到內側的吐司呈現漂亮的上色。

13 從烤箱中取出，至少靜置 1 小時。

14 將烤模倒扣在擺盤上，將杏桃鏡面果膠刷在頂部和側邊，將小圓形白吐司放在中央，並刷上鏡面果膠。

15 食用：可溫熱或冷藏後，搭配經典卡士達醬（見第 173 頁）。

Chapter 6 麵包、可麗餅和塔　　195

肉桂吐司布丁

Cinnamon Toast Flan — a Bread Pudding

6 杯量 2 吋（約 5 公分）深的烤模，6 至 8 人

- 4 大匙軟化的無鹽奶油
- 6 至 7 片白吐司，不需切邊
- ¼ 杯糖混合 2 茶匙肉桂粉
- 5 顆大型雞蛋
- 5 顆蛋黃
- ¾ 杯糖
- 3 ¾ 杯熱牛奶
- 1.5 大匙香草精

1. 在白吐司的一面塗奶油，共使用一半的奶油量。

2. 抹油面朝上，排放於烤架上，並在每片撒上肉桂糖。上火烤。注意烤的時間，只需要稍微炙烤幾秒鐘，直到糖起泡為止。

3. 將每片吐司切成 4 個三角形。

4. 將剩下的奶油塗在烤模內側，然後將三角形吐司（糖面朝上）填滿烤模。

5. 用蛋、蛋黃、糖、牛奶和香草精製作經典卡士達醬（第 173 頁）。

6. 將一半卡士達醬過篩、淋倒在吐司上，浸泡 5 分鐘後，再將剩餘的卡士達醬過篩倒入。

7. 將烤模置於深烤盤中，放入預熱至 325°F（約 163°C）烤箱的中下層。將滾水倒入深烤盤中，水位達烤模一半高度。烘焙 25 至 30 分鐘，讓水維持在幾近沸騰的狀態。等到竹籤插入烤模邊緣約 2.5 公分處，拔出來是乾淨無殘留時，就烤好了。

8. 食用：可熱食、室溫或冷藏後享用，佐以水果醬汁或是現切水果（可以放冷藏 2 天）。

可麗餅

Crêpes — Paper-Thin French Pancakes

可麗餅真的很容易做，而且很實用，因為可麗餅可以做成簡單而精緻的主菜和甜點。更棒的是，你可以多做幾個，冷凍保存多出來的可麗餅皮，然後運用在許多快速完成的餐點中。

基本食譜

多用途可麗餅皮

All-Purpose Crêpes

約製成 20 張 5 吋（約 13 公分）或 10 張 8 吋（約 20 公分）大的可麗餅皮

- 量好 1 杯即溶麵粉＊或中筋麵粉（見 Tips 82）
- ⅔ 杯冷牛奶
- ⅔ 杯冷水

- 3 顆大型雞蛋
- ¼ 茶匙鹽
- 3 大匙融化奶油，可額外多準備一些抹在鍋內

1. 將所有的材料以果汁機、或食物處理機或是用打蛋器攪拌均勻。
2. 採用即溶麵粉須冷藏 10 分鐘，中筋麵粉則須冷藏半小時。麵糊休息的時間是讓分子吸收液體，製作出柔嫩的可麗餅。
3. 加熱一支直徑 5 至 8 吋（約 13 至 20 公分）不沾平底煎鍋，當滴入的水滴會在鍋中彈跳時，薄薄刷上一層融化的奶油，倒入 2 至 3 大匙的麵糊，並搖動煎鍋直到均勻覆蓋鍋底。
4. 煎 1 分鐘左右，或直到底部上色，將可麗餅翻過來，短暫地煎一下另一面。放在架上待涼，並繼續煎剩餘的可麗餅糊。
5. 等到完全涼透時，疊起可冷藏 2 天，或是冷凍數週保存。

編按：即溶麵粉（instant-blending flour）容易溶解，幾乎不會結塊，可以直接與冷水混合，不需要預先過篩，主要用於需要快速溶解或避免結塊，如可麗餅皮。美國現在已經較少見，臺灣似乎亦難以找到，可以採用中筋麵粉，須先過篩。

可麗餅捲

Rolled Crêpes: Savory and Dessert Roulades

鹹味菠菜和蘑菇可麗餅捲

Savory Spinach and Mushroom Crêpe Roulades

8 張可麗餅，4 人份。

1. 準備 2 杯白醬（見第 35 頁），1 ¼ 杯切碎、煮熟並調味的菠菜（見第 64 頁）、1 杯切成四瓣炒過的蘑菇（見第 75 頁）。

2. 在抹過奶油的焗烤盤底，薄薄鋪上一層白醬，然後撒上 2 大匙的刨碎瑞士乳酪。

3. 用 0.5 杯的醬汁拌勻菠菜和蘑菇，當作餡料，分成 8 等份。

4. 在每一張可麗餅的下半部位，放置一匙的餡料，捲起可麗餅，然後將接縫處朝下，排列在焗烤盤內。將剩餘的白醬淋在可麗餅上，並再撒上 0.5 杯的刨碎乳酪。

5. 放入預熱至 375°F（約 191°C）的烤箱，烤 25 至 30 分鐘，直到表面開始起泡泡並略微金黃棕色。

編按：關於蛋白椰絲餅乾 macaroon

茱莉亞在第 171 頁與第 203 頁用到蛋白椰絲餅乾，將椰絲與砂糖拌勻，拌入打發蛋白中烤製而成的餅乾，有些食譜會添加香草精、杏仁粉等。外型大致上有兩種：類似臺式麵包店的椰子塔，或普通餅乾。

草莓可麗餅甜點

Strawberry Dessert Crêpes

8 張可麗餅，4 人份。

1. 將 1 品脫或更多新鮮切片草莓與各 1 至 2 茶匙的糖和櫻桃酒、柑橘甜酒或干邑白蘭地，混合在一起，靜置 1 小時。
2. 瀝乾，將大量草莓放在可麗餅的下半部位，然後捲起來。
3. 每只餐盤擺放兩張可麗餅捲，接縫朝下。
4. 淋上 1 大匙的草莓浸漬汁，再放上一點輕輕打發的香緹鮮奶油（crème Chantilly，見 Tips 86）。

千層蛋糕：鹹、甜可麗餅
Layered Crêpes: Savory and Dessert Gâteaux

龍蝦、青花菜和蘑菇鹹味千層蛋糕
Savory Tower of Crêpes with Lobster, Broccoli, and Mushrooms

10 至 12 張可麗餅，5 至 6 人份。

1. 將半杯碎瑞士乳酪攪拌融入 2 杯溫熱的白醬（見第 35 頁）中，就製作出了白乳酪醬。

2. 準備好 2 杯奶油龍蝦（見 Tips 62），但以半杯的白乳酪醬取代動物性鮮奶油。

3. 將半杯白乳酪醬和 2 杯青花菜朵（見第 63 頁）拌在一起，再用半杯的白乳酪醬和 2 杯炒過的蘑菇（見第 75 頁）拌在一起。

4. 將一片可麗餅放在烤盤中央，然後將一半的填料放在可麗餅上，再蓋上一片可麗餅，然後淋上另一種填料的一半。重複，直到蓋上最後一片可麗餅，然後淋上剩餘的白乳酪醬。

5. 在預熱至 400°F（約 200°C）的烤箱中烤 30 分鐘，或直到冒泡泡，略帶焦黃色。

Tips 74 ｜其他的填料

鹹味可麗餅 可採用任何適用於歐姆蛋的餡料。

甜味可麗餅 最簡單、也總是受歡迎的家庭甜點，就是在底部抹上奶油、撒上糖，捲起來，上面再撒糖，用 375°F（約 190°C）烤到熱透。可直接食用，或滴上干邑白蘭地或是柑橘利口酒點火。或是包起杏桃、草莓或是覆盆子果醬，捲起來食用；或是橘子果醬或是下述食譜中美味的柑橘奶油。

橙香火焰可麗餅

Crêpes Suzette

12 片可麗餅，6 人份。

- 2 顆結實、果皮發亮的柳橙
- 半杯又 1 大匙糖
- 2 條（8 盎司）無鹽奶油
- 3 大匙柑橘利口酒製作奶油，再加上 ¼ 杯用來燃燒
- 約半杯過濾過的橘子汁
- 12 片 5 吋大的多用途可麗餅皮（見第 198 頁）
- ¼ 至 ⅓ 杯干邑白蘭地

1. 削下柳橙的皮（只用橙色部分），與 0.5 杯的糖，一起使用食物處理機打得粉碎。
2. 加入奶油，混合均勻後，一滴滴地加入 3 大匙的柑橘利口酒和橘子汁。
3. 在一個大型的保溫餐爐（桌邊烹調鍋）或平底煎鍋中，倒入步驟 2 的柑橘奶油，煮沸 4 至 5 分鐘，直到呈糖漿狀。
4. 然後可麗餅逐一快速沾一下步驟 3 柑橘奶油糖漿，漂亮的一面朝外對折、再對折，形成一個三角錐狀。
5. 將可麗餅排放在保溫餐爐中，撒上 1 大匙的糖。
6. 將各 ¼ 杯柑橘利口酒和干邑白蘭地倒入勺子中，然後淋在可麗餅上。
7. 當液體冒泡時，將鍋傾斜靠近火焰，或用火柴點燃，並用湯匙將燃燒的液體淋在可麗餅上。
8. 用非常熱的盤子上桌享用。

+ **變化**

+ **柑橘杏仁奶油可麗餅** 將 0.5 杯磨成細粉的杏仁或是蛋白椰絲餅乾碎片，¼ 茶匙的杏仁精打入前述的柑橘奶油中。

1 均勻抹在 18 張小可麗餅上，折成三角錐形、交疊排放於烤盤。
2 撒上 3 大匙糖，在 375°F（約 190°C）的烤箱內加熱 15 分鐘，或直到可麗餅表面開始焦糖化。
3 將各 ⅓ 杯的柑橘利口酒和干邑白蘭地倒入鍋中，加熱然後用火柴點燃。用湯匙將燃燒的液體澆在可麗餅上，隨即上桌享用。

諾曼地千層蛋糕

Dessert Gâteau of Crêpes à la Normande

12 片可麗餅，5 至 6 人份。

1 4 至 5 杯去皮、切片的蘋果鋪在一只大烤盤中，並且在上面撒上 ⅓ 杯的糖和 4 大匙融化的奶油。
2 放入預熱至 350°F（約 177°C）的烤箱中烘烤 15 分鐘，或直到蘋果變軟。
3 將一張小可麗餅放在抹過奶油的烤盤中，鋪上一層蘋果片，再撒上 1 大匙的蛋白椰絲餅乾碎片，幾滴融化的奶油和幾滴干邑白蘭地。
4 再放上一片可麗餅，然後是蘋果、蛋白椰絲餅乾，重複過程直到有 10 或 11 層。最後鋪上一片可麗餅做為頂層。
5 將融化奶油和糖撒在頂層，並於 375°F（約 190°C）的烤箱內烤到起泡。

編按：茱莉亞使用的蘋果品種是金冠（Golden Delicious）。可選用本地任何適合烘焙的品種。

塔／派
Tarts

除了製作派皮麵團之外，塔類甜點（烤派）是我們烹飪寶庫中最容易製作的了，而食物處理機也讓製作麵團變得更容易了。當然，你可以購買現成的派皮（pie shell），但是不知道怎麼做就太可惜了。

基本食譜

多用途派皮麵團 —— 精緻酥皮
All-Purpose Pie Dough — Pâte Brisée Fine

你會注意到，這食譜使用不同的麵粉和脂肪混合比例。美國一般的萬用中筋麵粉的麵筋（麩質）含量較高，沒有混合的話，會做出太過酥脆的派皮。但是如果你買得到派粉（酥皮麵粉），就可以單獨使用，並全用奶油，不需要混合奶油和植物性酥油來使用。

製作兩個 9 吋（約 23 公分）圓形派皮，
或是一個 14×18 吋（約 36×46 公分）的派皮。

- 1.5 杯未經漂白的中筋麵粉（要刮平杯口，見 Tips 82）
- 0.5 杯蛋糕粉
- 1 茶匙鹽
- 1.5 條（6 盎司）冷藏無鹽奶油，切丁
- 4 大匙冷卻的植物性酥油
- 0.5 杯冰水，視需要可以用更多

1. 將麵粉、鹽和奶油放入食物處理機的攪拌碗中，然後使用鋼刀。按壓 5 至 6 次 0.5 秒的時間，好打碎奶油。

2. 然後加入酥油，開機，立刻加水，再按壓 0.5 秒 2 至 3 次。

3. 開蓋，檢視麵團，看起來應該像是一團小黏塊凝結在一起，握住一把的話，應該可以黏住。如果太乾，再加幾滴水打幾下。

4. 將麵團倒在工作檯上，用手掌根部快速且用力地將雞蛋大小的麵團向前推壓約 15 公分長。

5. 將麵團聚攏成平滑的餅狀，用保鮮膜包起，至少冷藏 2 小時（至多可達 2 天），或者也可以冷凍保存數個月。

+ 變化

+ **甜點塔用的甜麵團**　採用相同的配方，但是將鹽量減至 ¼ 茶匙，增加 2 大匙的糖。

Tips 75 ｜保冷！

像這種油脂含量較高的麵團，在室溫下很容易就變軟，變得難以操作，甚至無法處理。每當發生這種情況時，停止操作，將麵團放入冰箱冷藏 20 分鐘。為了讓操作更方便，我買了一塊大理石板，目前就長住在冰箱內。每次要處理麵團時，我就取出大理石板當做工作檯面。

Tips 76 ｜要用什麼容器烤

可以將無底、抹過油的布丁圈放在抹過油的烤盤上製作派皮，或者用分離烤模或是有溝紋的烤模，或是派盤或是蛋糕模的背面。或者也可以手塑一個派皮放在烤盤上。

塔皮塑形
Forming a Tart Shell

使用塔環製作 9 吋（約 23 公分）圓形塔皮

使用塔環製作圓形塔皮

1. 準備好：抹過奶油的 9 吋（約 23 公分）塔環＊與烤盤。

2. 將冷卻的麵團切半，一半先包起來冷藏。快速地在撒過粉的檯面上，將一半的麵團擀成厚 ⅛ 吋（約 0.3 公分）的圓形，要比塔環大 1.5 吋（約 4 公分）。

3. 將麵皮捲在擀麵棍上，然後攤平在塔環上，輕輕地將麵皮壓入。

4. 為了讓邊緣更結實穩固，沿著周圍將麵團往下推入 0.5 吋（約 1.3 公分）。

5. 將擀麵棍滾過塔環頂部，壓斷多餘的麵團，然後沿著邊緣推起 ⅓ 吋（約 0.9 公分）的邊。

6. 將餐叉的叉齒平放，在邊緣壓出裝飾性花紋。然後用叉子在麵團底部均勻地戳洞。

7. 用保鮮膜包起來，冷藏至烘烤前 30 分鐘。

使用倒置的圓形烤模製作塔皮

1. 將圓形烤模外側塗抹奶油，然後倒放在烤板上。

2. 將麵團擀平，鬆鬆地覆蓋烤模，輕輕地將麵皮壓在烤模四周以塑形。

3. 要讓派邊更厚，用拇指將麵團往上推在側邊。

4. 使用平放的叉齒在側邊壓出（派皮上的）裝飾邊緣花紋。

編按：塔環（flan ring）又稱派環，無底的圓形金屬環。專業烘焙通常直接以英文名稱呈現，以與其他類似工具（如有底的模具）區分。

Tips 77 ｜適當的擀麵棍

買一根長 18 吋（約 46 公分），直徑 1 ¾ 吋（約 4.5 公分）的擀麵棍，或者使用義大利麵擀麵棍（譯注：與中式擀麵棍同。）

製作自由塑形的長方形大塔皮

1. 將冷藏過的麵團擀成厚 ⅛ 吋（約 0.3 公分）、16×20 吋（約 40×51 公分）的長方形。
2. 用擀麵棍捲起麵皮，然後攤平在抹過奶油的無邊烤板上。
3. 將邊修直後，在 4 個邊緣各切下一條 1 吋（約 2.5 公分）寬的麵團長條。
4. 用冷水抹在長方形塔皮的邊緣上，稍微濕潤，然後將麵團長條放在上面形成凸起的邊框。
5. 用叉子將邊框壓出裝飾花紋，並在底部均勻戳洞。
6. 包起來冷藏。

預烤塔皮 —— 盲烤
Prebaking a Shell — "Blind Baking"

先預烤塔皮，裝好填料後的塔，烤出來的塔殼會更酥脆。

1. 將烤架置於中下層，預熱烤箱至 450°F（約 230°C）。
2. 無論採用前述哪一種方式塑形好的冷藏塔皮，先在一張比塔皮大數吋的錫箔光亮面塗抹奶油。
3. 將錫箔抹油的面朝下，輕輕地壓在冷卻的塔皮底部和側邊。
4. 要預防底部膨起以及邊緣塌掉，倒入乾豆子、米或是鋁製派重石（pie weights），要注意緊靠邊緣。
5. 烤 10 至 15 分鐘，直到塔底已定型但是仍舊有點軟。
6. 移除錫箔和上面的重物，再度用叉子戳塔底，然後再放回烤箱內。
7. **若是要先完成部分烘烤，就再烤 2 分鐘左右，直到塔皮開始上色，若是採用塔環預烤，此時塔皮會稍微從塔環邊緣分離。**
8. **若是完全烤好派皮，則烤 4 分鐘左右，直到略帶棕色。**

基本食譜

洛林鹹派
Quiche Lorraine

9 吋鹹派，6 人份

- 6 條煎得香脆的培根
- 1 個完成部分烘烤的派皮
- 3 顆大型的蛋
- 約 1 杯鮮奶油
- 鹽、現磨胡椒和肉豆蔻

1. 烤箱預熱至 375°F（約 190°C）。
2. 將培根剝成小塊，撒在派皮內。
3. 將蛋和足夠的鮮奶油混合成 1.5 杯的卡士達，然後調味，倒入派皮內，至距離邊緣 ⅛ 吋（0.3 公分）的高度。烤 30 至 35 分鐘，或直到膨起，呈金黃色。
4. 脫模放入圓盤中，溫熱或室溫上桌。

+ 變化

+ **乳酪與培根鹹派** 根據基本食譜的作法，但是撒上 0.5 杯的刨碎瑞士乳酪在派皮內，然後再加入卡士達醬，在烤之前，在上面加上另一匙的刨碎瑞士乳酪。

+ **菠菜鹹派** 將 1 杯煮好、切碎、調味過的菠菜（見第 64 頁）拌入卡士達醬中。撒上 2 大匙的瑞士乳酪在派皮的底部，倒入卡士達醬後，撒上更多的乳酪，然後按照指示烘烤。

+ **甲殼類海鮮鹹派** 按照 Tips 62 的說明準備好蝦鮮，但是省略奶油。倒入派皮中，倒入卡士達醬，撒上 3 大匙的碎瑞士乳酪，然後按照指示烘烤。

+ **洋蔥與香腸鹹派** 將 2 杯小火慢炒過的洋蔥末倒入派皮內。倒入卡士達醬，在上面排放切成薄片的義大利香腸和 ¼ 杯刨碎瑞士乳酪。按照指示烘烤。

+ **其他填料** 9 吋（約 23 公分）的派皮，約需要 1 杯的分量。幾乎任何食材都可以放入鹹派內，從煮過或是罐頭的鮭魚到鮪魚，青花菜朵（見第 63 頁），炒甜椒、切片的蒜白、炒蘑菇（見第 75 頁）或是雞肝等。

Tips 78 │鹹派的比例

任何鹹派都可以用動物性鮮奶油或是鮮奶油或是牛奶製作。比例總是將 1 顆蛋放入量杯中，然後加入牛奶或鮮奶油至 0.5 杯的高度；2 顆蛋加入牛奶或鮮奶油至 1 杯；3 顆蛋加入牛奶或鮮奶油至 1.5 杯，以此類推。

基本食譜

蘋果塔
Apple Tart

9 吋派皮，4 至 6 人份。

- 預烤過的 9 吋（約 23 公分）派皮（見第 204、207 頁）
- 溫熱的杏桃鏡面果膠（見 Tips 91）
- 2 至 3 顆結實的蘋果，切半，去核，去皮，整齊切片
- 2 大匙糖

1. 將塔皮的底部塗上杏桃鏡面果膠。
2. 將蘋果切片漂亮地排放好，填滿派皮，撒上糖。
3. 放在預熱至 375°F（約 190°C）的烤箱中上層，烤 30 至 35 分鐘，直到略微上色且完全變軟。
4. 脫模放入盤中，用更多的杏桃鏡面果膠抹在蘋果上面。
5. 溫熱或冷食皆可。

+ 變化

+ **自由塑形蘋果塔** 根據第 207 頁的方式製作塔皮。撒上 2 大匙的糖。將 3 至 4 顆的蘋果去皮、去子，切片仔細交疊地排放。撒上更多的糖。按基本食譜的方式烘烤和上鏡面果膠。

+ **鴨梨塔** 採用結實、成熟的鴨梨，按照前述蘋果塔方式製作。

+ **新鮮草莓塔** 將完全預烤好的 8 至 9 吋（約 20 至 23 公分）的塔皮刷上溫熱的紅醋栗鏡面果膠（見 Tips 91）。排放 1 夸特新鮮的草莓在塔皮內，並且薄薄地刷上一層鏡面果膠。上桌時佐以打發的鮮奶油。

+ **卡士達奶油餡和草莓** 用鏡面果膠刷過塔皮的底部後，鋪上一層不高於 ¼ 吋的卡士達餡（見第 173 頁），然後將草莓排放在上面，就完成了。

+ **其他的建議** 除了草莓之外，還可以用覆盆子、藍莓或是混合莓果，包括了切半的無子葡萄和碎核果，或是切片的新鮮或罐裝水蜜桃、杏桃、鴨梨、熟無花果等。這是讓你發揮創意的好機會。

Tips 79 ｜ 清理燒黑的烤盤

將烤盤裝滿水，每夸特（946ml）的水中加入 2 大匙的小蘇打。滾煮 10 分鐘，加蓋，浸泡至冷卻，需數小時至隔夜。用一支硬毛刷可輕易地清除黑色的殘留物。

Tips 80 ｜ 時間——傳統烤箱和旋風烤箱

本書中所有的烘烤時間都是使用傳統烤箱。旋風烤箱大約能省 ⅓ 的時間。換句話說，一隻羊腿在傳統烤箱內，以 325°F（約 163°C）烤需要 2 小時，可能在旋風烤箱內甚至連 1.5 小時都用不到。

著名的翻轉蘋果塔
The Famous Upside-Down Apple Tarte Tatin

準備好可放入烤箱的 9 吋（約 23 公分）厚實平底鍋，
和 ⅓ 至 ½ 份的冷卻派皮麵團（見第 204 頁）。
6 人份。

1. 將烤架置於烤箱下層，並預熱至 425°F（約 218°C）。

2. 將 6 顆蘋果去皮、切半、去子後，切成四瓣，和 1 顆檸檬的汁和碎皮，以及 0.5 杯糖拌在一起。醃漬 20 分鐘後，瀝乾。

3. 將 6 大匙無鹽奶油放入大火上的煎鍋加熱，拌入 1 杯的糖，煮至糖化、冒泡、開始焦糖化。

4. 離火，在焦糖上排上一層的蘋果片，然後將其餘的蘋果有致的排放在上面。

5. 將鍋子放回火上，用中大火加熱 25 分鐘。煮至 10 分鐘之時，加蓋，並且每幾分鐘就在蘋果上加壓，讓它們可以浸潤在流出的汁液內。等到液體變得濃稠如糖漿時，離火。

6. 將冷卻的麵團擀成圓形，³⁄₁₆ 吋（約 0.5 公分）厚，並且要比烤盤的上緣大 1 吋。

7. 覆蓋在蘋果上，將麵團的邊緣壓入烤盤和蘋果之間，在上面劃出四個蒸氣口。烤約 20 分鐘，直到派皮呈現金黃色且酥脆。

8. 脫模放入盤中，熱食、溫食或是冷食皆可，佐以打發的鮮奶油、酸奶或是香草冰淇淋。

編按：關於厚實的平底煎鍋

　　茱莉亞的原文為「heavy ovenproof skillet」，邊緣較高的單柄平底煎鍋（比一般平底煎鍋深一點），材質通常為全不鏽鋼或鑄鐵，因此重量頗沉，好處是受熱均勻，溫度穩定，不容易變形，持久耐用；可直火煎炒炸煮，並可從爐臺直接送進烤箱烘烤。

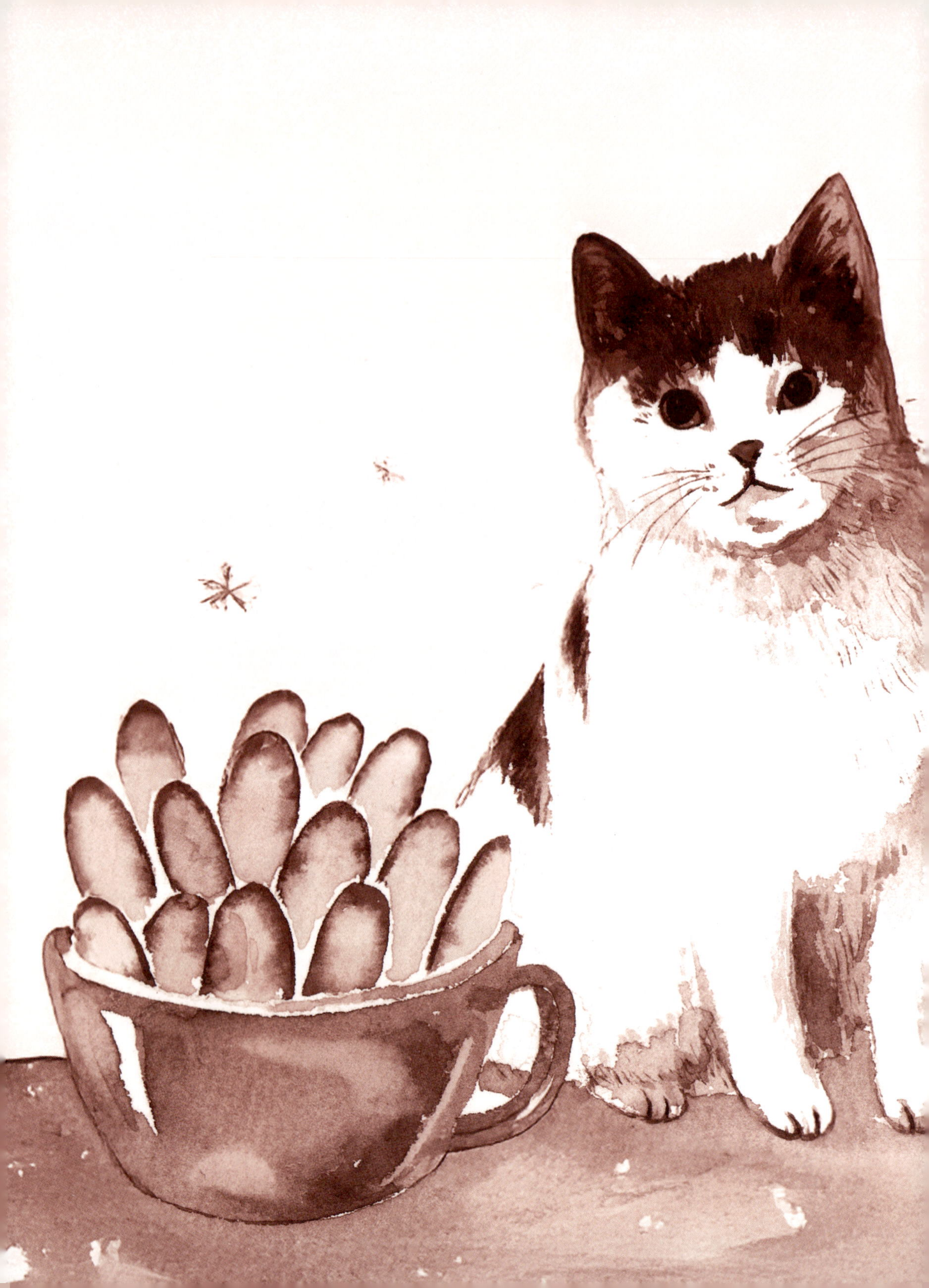

Chapter 7

蛋糕和餅乾

Cakes and Cookies

當你掌控了數種糖霜

和夾餡的作法後,

烤蛋糕不過是組合的工作而已。

你可以在許多的食譜中看得到標準的蛋糕和餅乾的食譜，包括不少我的食譜。我在這裡只介紹幾個我的最愛，並多花點篇幅說明一些基本的「操作方法」，例如，如何打發蛋白、準備蛋糕烤模、量麵粉、融化巧克力等。與其提供兩種一般性的蛋糕配方，我更專注於介紹法式海綿蛋糕（génoise），這是一款萬用的蛋糕體，適用於多層（夾餡）蛋糕、小蛋糕、蛋糕捲、杯子蛋糕等。

在電動攪拌器發明之前，製作海綿蛋糕是一件非常費力的事，因為它的基礎是用全蛋和糖打到濃稠的乳狀，耗時長且手工操作非常地辛苦。用手持攪拌器會輕鬆一些，如果有現代化的固定式攪拌器就會更加輕鬆。

我還收錄了經典的杏仁蛋糕、核桃蛋糕、我最愛的巧克力蛋糕，以及一款廣受歡迎的達克瓦茲核果蛋白餅，它有著酥脆的蛋白霜和堅果層。

當你能掌握幾款蛋糕配方和夾層餡料的創意後，你會發現做蛋糕幾乎就像是在玩組裝遊戲一般，每次都可以不同的方式組合、搭配。

另外，也請諒解我們只放了一個餅乾食譜，因為頁數不夠用了！

蛋糕

Cakes

基本食譜

法式海綿蛋糕

Génoise Cake

可烤成一個 9×1.5 吋（約 22.5×3.8 公分）的圓形蛋糕，
或是一個 8×2 吋（約 20×5 公分）的圓形蛋糕，
或是足夠製作 16 個杯子蛋糕，或是 12×16 吋（約 30×40 公分）的海綿蛋糕片。

製作約 6 杯的蛋糕糊

- ½ 杯又 ⅓ 杯蛋糕粉
  （bleached cake flour，已過篩，
  刮平杯口，不壓實，見 Tips 82）
- 1 大匙又半杯糖
- ¼ 茶匙鹽
- ¼ 杯溫熱的澄清奶油
  （參見 Tips 27）
- 4 顆大型的雞蛋
- 1 茶匙純香草精

1. 將烤箱預熱至 350°F（約 177°C），烤架放在中下層，並且準備好烤模（見 Tips 81）。
2. 將麵粉與 1 大匙的糖和 ¼ 茶匙的鹽一起篩過。
3. 將澄清奶油放在一只 2 夸特（約 2 公升）的碗中備用。
4. 攪拌盆中，將蛋，0.5 杯糖和純香草精，一起打發，直到形成「緞帶狀」質地（見 Tips 85）。
5. 立刻快速地拌入 ¼ 過篩的麵粉，然後是剩餘麵粉的一半，最後將所有的麵粉拌入。
6. 將一大勺步驟 5 的蛋糕糊拌入澄清奶油中，然後再將拌過的糊倒回剩餘的蛋糕糊中。
7. 將步驟 6 的奶油蛋糕糊倒入準備好的烤模中，填充至距離烤模邊緣 ¼ 吋（約 0.6 公分）處。
8. 在工作檯上輕敲，以排除氣泡，烘烤 30 至 35 分鐘，直到膨起、略微上色，並且邊緣稍微收縮（與烤模略微分開）。
9. 放涼 20 分鐘後，脫模放至冷卻架。待完全冷卻後再塗抹夾餡料和糖霜裝飾。

+ 變化

+ **食用建議：糖霜巧克力夾餡蛋糕** 準備雙倍份量的義大利蛋白霜，其中一半用巧克力調味（依第 230 頁的指示）。

1. 用一把長鋸齒刀將海綿蛋糕橫切成兩半。
2. 將下半層放在網架上（下方須放置托盤），並將上半層翻過來（切面朝上）。
3. 在兩片蛋糕的切面灑上蘭姆酒風味糖漿（見 Tips 87），然後將巧克力蛋白霜抹在下半層上。
4. 再將上半層翻面（切面朝下）蓋在下層上，再用剩餘的白色義大利蛋白霜裝飾整個蛋糕表面。
5. 上桌前，撒上磨碎的巧克力。

Tips 81 │ 準備蛋糕烤模
用軟化的奶油抹在蛋糕烤模的內側（底部與四壁）。
剪一張與模底相同大小的烘焙用紙，壓入底部，固定後塗抹再軟化奶油。
倒入 ¼ 杯蛋糕粉，搖動並轉動烤模，使蛋糕粉完全覆蓋表面，然後將烤模倒過來輕敲，倒出多餘的粉。

Tips 82 │ 量粉
為了避免問題發生，特別是在烘焙糕餅時，請準確測量麵粉。對於本書中的每份食譜，請將乾料量杯放在一大張蠟紙上。
直接將麵粉篩入量杯中，直到滿溢，然後用一把長刀的刀背刮除多餘的粉料。

Tips 83 │ 儲藏海綿蛋糕
完全放涼後，可以放在擠出空氣的密實塑膠袋內，可冷藏數天，或冷凍數週。

+ **杯子蛋糕** 採用前述的海綿蛋糕糊，按照第 222 頁的杏仁杯子蛋糕的作法。那是我搭配水果甜點和茶的最佳食譜之一。

+ **蛋糕捲 roulade** 烤箱預熱至 375℉（約 190℃），將烤架放在中下層。

  1 在 11×17 吋（約 28×43 公分）的蛋糕捲烤模（jelly-roll pan）塗抹軟化的奶油，鋪上一層烘焙用紙，兩端邊緣高出烤模 2 吋。烘焙用紙接觸到烤模的部分也要塗抹奶油。

  2 在烤模內灑上麵粉使內側均勻沾附，將多餘的麵粉倒出。

  3 把蛋糕糊倒入烤模中，均勻鋪開，烤 10 分鐘，直到蛋糕表面略微上色，且觸感有點彈性為止。從烤箱中取出。

以下的步驟可以避免蛋糕裂開

1 將海綿蛋糕的四邊切掉約 ¼ 吋（約 0.6 公分）。撒上糖霜。

2 用一張烘焙用紙和略濕的毛巾蓋住蛋糕。

3 在上面放上一個托盤，然後整個翻面。

4 握住烘焙用紙的一端，拿掉蛋糕捲烤模。

5 接著，非常小心地，將底部的烘焙用紙剝除。

6 在蛋糕體篩上 ⅛ 吋（約 0.3 公分）的糖霜，然後用濕潤毛巾將蛋糕捲起來。

7 可以冷藏 1 至 2 天。如果冷凍的話，捲開之前要確定完全解凍。

食用建議：杏桃蛋糕捲 將蛋糕攤平，灑上糖漿（見 Tips 87），抹上杏桃鏡面果膠（見 Tips 91），然後用蛋白霜鮮奶油餡（見第 230 頁）抹在上面。

日內瓦杏仁蛋糕

The Genoa Almond Cake — Pain de Genes

這是很特別的杏仁蛋糕。
使用直徑 9 吋 × 高 1.5 吋（約 22.5×4 公分），6 杯量的圓形蛋糕烤模。

1. 將烤箱預熱至 350°F（約 177°C），並依 Tips 81 說明準備好蛋糕烤模。

2. 量好 ⅓ 杯的中筋麵粉，放回篩網中。準備好 ¾ 杯去皮、磨碎的杏仁碎粒（見 Tips 93）。

3. **打發奶油**：在攪拌碗中，將 1 條無鹽奶油打發到鬆軟。

4. **蛋糖混合體**：將 3 顆大型的蛋和 ¾ 杯糖、2 茶匙純香草精和 ¼ 茶匙杏仁精打發至「形成緞帶狀」質地（見 Tips 85）。

5. 然後將 3 匙的蛋糖混合體拌摺入（見 Tips 84）步驟 3 的打發奶油中。

6. 交替地將麵粉和杏仁碎粒拌入步驟 4 的蛋糖混合體，直到幾乎完全吸收（混合），再將步驟 3 的打發奶油一匙一匙地拌摺進來。

7. 倒入準備好的蛋糕烤模中，在工作檯面上輕敲，然後放入烤箱的中層烤約 30 分鐘。

8. 先靜置放涼 20 分鐘，再將蛋糕脫模放到網架上。

9. 待涼後，可以直接撒上糖霜食用，或是橫切然後填入類似第 231 頁的白蘭地奶油夾餡料，或是在上面抹上皇家糖霜（見 Tips 92）。

+ <u>變化</u>

+ **杏仁杯子蛋糕** 用 ⅓ 杯容量的瑪芬烤模，可烤出 10 個蛋糕。
  1 為了容易脫模，先用 2 大匙麵粉和 2 大匙澄清奶油混合成糊狀，塗抹在烤模內。
  2 將蛋糕糊倒入烤模，放入預熱至 350°F（約 177°C）的烤箱中烤 15 分鐘，直到膨起，略微上色（表面呈淺褐色）。
  3 放涼 15 分鐘後再脫模。
  4 完全涼後，上面可撒上糖粉或白色糖霜（見 Tips 92）。

Tips 84 ｜拌摺入（拌入）folding

將蛋白或是麵粉或是打發的鮮奶油或任何其他材料，輕柔地拌入另一樣（如蛋糕糊）中的動作，是製作舒芙蕾或是蛋糕的基本技法。

你必須將這些材料互相融合，同時不能破壞任何一種材料的膨鬆度。

1 將一把大型橡膠刮刀（像刀一樣）插入混合物的中心，然後拖到碗的邊緣，再往上拉提至表面；以快速舀起的動作，將底部的材料帶到表層。
2 略微轉動碗，快速且輕柔地重複舀起的動作數次，直到所有的材料都攪拌均勻，但是不要攪拌過度，會破壞膨鬆度。（編按：亦可見第 252 頁）

核桃夾餡蛋糕

Le Brantôme — a Walnut Layer Cake

這是另一款含堅果的蛋糕。
兩個 9 吋（約 22.5 公分）的蛋糕疊放在一起，10 至 14 人份。

1. 將烤箱預熱至 350°F（約 177°C），準備好蛋糕烤模（Tips 81），1 杯碎核桃仁（Tips 93）。
2. 將 1.5 杯中筋麵粉和 2 茶匙泡打粉一起過篩。再放回篩網中
3. 將 1.5 杯的冷動物性鮮奶油打發至濕性打發（軟峰）狀態（見 Tips 85），加入 2 茶匙的香草精和 ⅛ 茶匙的鹽。
4. 最後，將 3 顆大型雞蛋和 1.5 杯糖拌勻，慢慢地拌摺入 ⅔ 的麵粉，
5. 將步驟 3 的打發鮮奶油舀到步驟 4 上面，再撒入核桃仁和剩餘的麵粉一起輕輕拌摺均勻，
6. 將蛋糕糊倒入烤模中，送進烤箱的中層烤 25 分鐘。
7. 放涼 10 分鐘後，再脫模至冷卻網架。等到完全涼透後，再進行下面的操作。

夾餡與裝飾

1. 將其中一塊核桃蛋糕放在圓形架子上，下方有托盤，然後在蛋糕上面抹上約 ¼ 吋厚的夾餡料，如第 231 頁的白蘭地奶油餡。
2. 將第二塊蛋糕倒置，覆蓋於第一塊蛋糕之上，然後，在整個蛋糕的頂部和側面刷上溫熱的杏桃鏡面果膠（見 Tips 91）。
3. 趁著鏡面果膠仍溫熱時，將切碎的核桃黏附在蛋糕側面，再將蛋糕移到盤子上。
4. 在蛋糕頂部淋一層薄薄的皇家糖霜（見 Tips 92），可視喜好用半顆核桃裝飾。

希巴女王巧克力杏仁蛋糕
La Reine de Saba — the Queen of Sheba Chocolate Almond Cake

我最喜歡的巧克力蛋糕。
8×1.5 吋（約 20×4 公分）的蛋糕，6 至 8 人份。

1. 將烤箱預熱至 350°F（約 177°C），將烤架放在中下層，準備好蛋糕烤模（見 Tips 81）。

2. 量好 0.5 杯過篩蛋糕粉（Tips 82），和 ⅓ 杯的碎杏仁（Tips 93）。

3. 用電動攪拌器，將一條無鹽奶油和 0.5 杯的糖打成糊狀，

4. 待膨鬆時，每次一顆，打入 3 顆蛋黃，攪打均勻。

5. 同時，用 2 大匙的藍姆酒或是濃咖啡（見 Tips 90）融化 3 盎司半甜巧克力和 1 盎司純苦巧克力，然後將溫熱的巧克力攪入步驟 4 的蛋黃混合物中。

6. 將 3 顆蛋白打發成堅挺發亮的尖峰狀（乾性打發，見 Tips 85），然後將 ¼ 拌入蛋黃混合物中。

7. 快速且輕柔地將剩餘的打發蛋白、碎杏仁以及篩過的麵粉交替拌入。

8. 立刻倒入準備好的烤模內，烤 25 分鐘左右，直到蛋糕膨起超出烤模，但是中間在輕輕搖動的時候仍會稍微晃動。

9. 脫模前須先放涼 15 分鐘。這種巧克力蛋糕在室溫下最好吃。

10. 可撒上一層糖粉或是淋上軟巧克力糖霜（見第 231 頁）一同享用。

Tips 85 ｜完美打發的蛋白

電動攪拌器　不管你用的是立式或是手持式的攪拌器，都要用圓底的玻璃、不鏽鋼或是一體成型的銅製攪拌碗，要大到足以容納攪拌葉片，以確保攪打時全部的混合物都能持續地攪動到。這對於打發蛋白以及全蛋加糖，都是非常重要的。（如果你對烹飪認真的話，投資一台專業設計的高效能電動攪拌器絕對值得。雖然價格不低，但是真的能發揮功用，而且夠你用一輩子。）

準備好攪拌器和碗　為確保攪拌棒（beater）和碗完全沒有任何的油脂，倒入 1 大匙醋和 1 茶匙鹽在碗中，用紙巾擦拭乾淨，然後用同一張紙巾擦拭攪拌器。不要用水沖，因為殘留的醋有助於蛋白的穩定性＊。務必確保蛋白中沒有一絲蛋黃。

打發　如果蛋是冷的，將碗底放入熱水中一分鐘左右，使其快速回溫至室溫。先快速打 2 至 3 秒，把蛋打散，然後從慢速開始慢慢打，逐漸加快速度。

如果你的電動攪拌器威力強大的話，要很注意不要打過頭。當舉起攪拌棒時，附著在攪拌棒上的蛋白會形成堅挺、發亮（有光澤）、頂端略微彎曲的峰狀時，就完成了。

打發全蛋和糖至「形成緞帶狀」質地　攪拌器／碗的大小、無油器材、用熱水將蛋升到室溫的基本原則都相同。打 4 至 5 分鐘或更久，直到濃稠而且呈泛白色，並且，從攪拌棒上流回碗中時，會在表面形成一條慢慢消散的寬帶狀。

編按：加醋（或檸檬汁），透過改變蛋白的酸鹼值，促進蛋白質之間的結合，從而提升蛋白泡沫的穩定性，且蛋白泡沫會更加細緻，不易消泡。

蛋白霜堅果夾餡蛋糕（達克瓦茲）

Meringue-Nut Layer Cakes — Dacquoise

比傳統的蛋糕要容易製作，而且也總是深受客人的喜愛。
製作 3 層、每層尺寸為 4×16 吋（約 10×40 公分），厚度 ⅜ 吋（約 1 公分）。

1. 將烤箱預熱至 250°F（約 120°C），然後將烤架分別置於烤箱的上層三分之一和下層三分之一的位置。

2. 在兩張烤盤表面塗抹奶油，撒上麵粉，抖掉多餘的麵粉，然後標記 3 個 4×16 吋（約 10×40 公分）的長方形。

3. 1.5 杯烤過的杏仁或榛果（要確認新鮮度！）和 1.5 杯的糖一起打碎，備用。

4. 將 ¾ 杯（5 至 6 個）蛋白和一大撮的鹽和 ¼ 茶匙的塔塔粉打到形成濕性打發（軟峰）狀態。

5. 繼續打發的同時加入 1 大匙純香草精和 ¼ 茶匙的杏仁精、再撒入 3 大匙的糖。打成堅挺、閃亮的尖峰狀。（現在的成品就是「瑞士蛋白霜」，已經可以單獨烤成蛋白霜脆餅）。

6. 以大把地撒入的方式，快速地將步驟 3 拌入步驟 4。

7. 利用擠花袋，將步驟 5 混合物填入烤盤上標記的三個長方形區域。

8. 立刻放入烤箱，約烤 1 小時，每 20 分鐘交換上下層位置。應該只會微微上色，等到可以從烤盤脫離時（輕推一下烤盤），就表示烤好了。

保存：如果幾小時內不會使用，請密封包裹放入冷凍庫中。

+ 食用建議

+ **巧克力榛果達克瓦茲**

1 用鋸齒刀將烤好的蛋白霜片邊緣修整齊,在每片上面刷上杏桃鏡面果膠(見 Tips 92)。

2 夾入巧克力甘那許或是蛋白霜巧克力夾餡(皆見第 230 頁),並且在蛋白霜片的周圍也抹上餡料。

3 在蛋白霜片的周圍刷上碎堅果,在上面撒上一層裝飾性的碎巧克力。

4 覆蓋、冷藏數小時,以軟化蛋白霜片同時固定夾層餡料。

5 上菜前要回復幾近室溫狀態。

Tips 86 ｜打發鮮奶油

約 2 杯輕打發的鮮奶油（softly whipped cream），亦即香緹鮮奶油（crème Chantilly）。

1. 將 1 杯冷藏的動物性鮮奶油倒入金屬碗中，置於一大碗冰塊水之上。
2. 為了盡可能地打入更多空氣，可以用大的瓜型打蛋器（balloon whip，見第 249 頁）快速地由下而上轉動攪拌，或是用手持式電動攪拌器大幅度地環繞攪動。要數分鐘後鮮奶油才會變得濃稠（打發）。
3. 等到攪拌棒會在表面留下淺淺的痕跡，且拉起時，鮮奶油能柔軟地保持形狀時，就表示打發完成了。

Tips 87 ｜糖漿

約製成 1 杯，足夠用在 3 層蛋糕。

將 1/3 杯的熱水攪入 1/4 杯的糖內；待融解後再攪入半杯的冷水，和 3 至 4 大匙的淡色蘭姆酒、柑橘利口酒或是干邑白蘭地，或是 1 大匙的純香草精。先在每層蛋糕淋上糖漿，再鋪上夾餡料。

Tips 88 ｜煮糖製作糖漿和焦糖

比例永遠是每 1 杯砂糖配 1/3 杯水。

單純糖漿　可用來浸潤蛋糕片等用途。加熱攪拌直到糖完全融化。

牽絲階段　用於製作奶油霜（butter cream）和義大利蛋白霜（見右頁）。當糖完全溶解後，蓋緊鍋蓋並用大火煮沸，絕對不要攪拌，直到當你用金屬湯匙快速舀起一點糖液，讓最後的糖滴落入冷水杯中時會形成絲狀。

焦糖　繼續煮直到泡泡變得濃稠，打開鍋蓋，握住鍋柄慢慢搖動鍋子，繼續滾煮至糖漿變成焦糖色。立刻倒入另一個鍋內以停止繼續加熱。

清理鍋子和湯匙　將鍋中裝滿水和使用過的器具，小火滾煮數分鐘以溶解黏附的糖漿。

夾餡料與糖霜
Fillings And Frostings

這是另一個龐大的主題，我不過是提到基本而已。以蛋黃為基底的奶油霜雖然美味但較難掌控，在傳統糕點中，一直是標準的裝飾糖霜和夾餡選擇。但是在現代，當需要巧克力風味時，同樣美味但製作起來簡單得多的甘那許（由融化巧克力和動物性鮮奶油製成）已經大幅取代了奶油霜的地位。

當然，你可以在其他烹飪書籍中找到所有經典配方，包括我的一些著作。

義大利蛋白霜
Italian Meringue

可以用作糖霜，蛋糕夾餡料與配料。
分量足以塗抹 9 吋（約 22.5 公分）蛋糕。

1. 將 ⅔ 杯（4 至 5 顆）的蛋白和 ¼ 茶匙的塔塔粉和一小撮鹽打至濕性打發（軟峰）狀態（見 Tips 85）。
2. 將機器的速度減緩。在此同時，將 1.5 杯糖和 0.5 杯水煮到牽絲（見左頁 Tips 88）。
3. 用中速打蛋，慢慢滴入熱牽絲糖漿。
4. 將速度加至中高速，繼續打到蛋白霜成乾性打發（尖峰）狀態。

> **Tips 89 ｜剩餘的蛋白霜**
> 可以冷藏數日，或是冷凍數個月。

+ <u>變化</u>

+ **蛋白霜奶油夾餡 meringue butter cream filling** 適用於 9 吋（約 22.5 公分）蛋糕。將一條無鹽奶油打到膨鬆狀態，然後拌入 1 至 1.5 杯的義大利蛋白霜。用 1 茶匙的淡色蘭姆酒或是柑橘利口酒，或是 2 茶匙純香草精調味。

+ **蛋白霜巧克力夾餡** 適用於 9 吋蛋糕。在前述的蛋白霜奶油餡拌入 4 盎司（約 113 公克），微溫，完全融化的半甜巧克力，用 2 大匙黑蘭姆酒調味。

+ **蛋白霜鮮奶油夾餡 meringue cream filling** 適用於 9 吋蛋糕。將 1 杯義大利蛋白霜和 1 杯濕性打發的香緹鮮奶油（見 Tips 86）拌在一起，按蛋白霜奶油夾餡的建議調味。

巧克力甘那許

Chocolate Ganache

適用於裝飾 9 吋（約 22.5 公分）蛋糕。

1. 在 1.5 夸特（約 1.5 公升）的鍋中將 1 杯動物性鮮奶油煮滾。

2. 將火力調小，以畫圓方式攪拌加入 8 盎司（約 227 公克）剝碎的半甜巧克力。

3. 快速地攪拌直到巧克力完全融化且質地均勻，即可離火。冷卻時會逐漸變稠。

軟巧克力糖霜
Soft Chocolate Icing

適用於 8 吋（約 20 公分）蛋糕。

1. 將 2 盎司的半甜巧克力和 1 盎司的苦巧克力，加入一小撮鹽和 1.5 大匙的蘭姆酒或是濃咖啡一起融化（見 Tips 90）。
2. 等到平滑而且發亮的時候，一匙匙地打入 6 大匙的軟化無鹽奶油。
3. 浸於冷水碗中攪拌冷卻，直至可以抹開的稠度。

白蘭地奶油夾餡
Brandy-Butter Cake Filling

適用於 9 吋的蛋糕

1. 中火，在小單柄醬鍋中將 1 顆蛋，3 大匙干邑白蘭地，2 大匙無鹽奶油，0.5 大匙玉米粉和 1 杯糖，一起打勻。
2. 小火滾煮 2 至 3 分鐘以煮熟玉米粉，
3. 離火，打入 2 至 4 大匙的奶油。
4. 在冷卻的過程中會變稠。

Tips 90 ｜如何融化巧克力

和液態調味料一起融化巧克力
請始終遵守每 2 盎司（約 57 公克）巧克力至少要加入 1 大匙液體的比例。
製作 1.5 杯。

1. 將 6 盎司（約 170 克）半甜巧克力和 2 盎司的苦巧克力剝成小塊，放入小鍋中，加入 ¼ 杯黑蘭姆酒或是濃咖啡。
2. 在另一個較大的鍋中放入 3 至 4 吋（約 7.5 至 10 公分）高的水煮滾，離火，然後將巧克力鍋加蓋，浸於熱水鍋中。
3. 在 4 至 5 分鐘內，巧克力應該就會開始融化。
4. 攪拌至巧克力完全融化、均勻滑順。

融化純巧克力 使用相同作法，但是不要放入任何的液體。或者，如果量很大的話，將巧克力鍋加蓋放入 100°F（約 38°C）的烤箱中，大約半小時就可融化成相當滑順的狀態。

微波爐 我不會用微波爐處理巧克力，太冒險了。

杏桃夾餡
Apricot Filling

適用於 9 吋（22.5 公分）、三層的蛋糕。

1. 在單柄鍋上架濾網，將三罐未去皮、17 盎司（約 480 克）的杏桃罐頭倒入，杏桃汁直接篩入鍋中。
2. 杏桃充分瀝乾後，切塊備用。
3. 將杏桃汁，3 大匙無鹽奶油，0.5 茶匙肉桂粉，⅓ 杯糖，一顆檸檬的碎皮末和濾過的檸檬汁一起煮沸。
4. 待變得濃稠且呈糖漿狀時，加入切塊的杏桃，滾煮數分鐘，並不斷攪拌，直到糖漿濃到能夠巴住湯匙，軟軟地維持形狀為止。

Tips 91 │ 蛋糕和塔類的水果鏡面果膠 fruit glaze

杏桃鏡面果膠 過濾 1 杯杏桃果醬，混入 3 大匙糖，視喜好可再混入 3 大匙的黑蘭姆酒，滾煮至最後從湯匙滴落的醬汁變濃稠、黏膩狀。趁溫熱時使用。

紅醋栗鏡面果膠 以相同的手法製作，採用 1 ¼ 杯未過篩的紅醋栗果醬和 2 大匙的糖。

Tips 92 │ 皇家糖霜——用於蛋糕和餅乾上的白糖霜

用手持式電動攪拌器，在一個小攪拌碗中，將 1 顆蛋白，¼ 茶匙檸檬汁和 1 杯過篩的糖粉，一起打勻。

打入 1 茶匙純香草精，然後慢慢加入糖粉，最多約 1 杯的量，直到白糊變成滑順、濃稠、能夠立起的尖峰。

這需要打發數分鐘。如果不立刻使用，可以用微濕的毛巾覆蓋。

餅乾
Cookies

　　雖然只提供一種餅乾的食譜，但卻是最實用的餅乾！因為不但可以當餅乾吃，也可以當作造形甜點的底（內襯），還可以將麵糊變成一種甜的容器。一次可以多做一些，因為非常適合冷凍保存。

貓舌餅 —— 手指甜餅

Cat's Tongues — Langues de Chat, finger-shaped sugar cookies

可製成約 30 個 4×1 ¼ 吋（約 10×3 公分）
手指形狀的甜餅乾

1. 將烤箱預熱至 425°F（約 218°C），將烤架放在中上層和中下層的位置。

2. 將 2 個或更多烤盤抹油、撒粉（見 Tips 81），然後在擠花袋內放一個 ⅜ 吋（約 1 公分）的擠花器。

3. 在一個小碗中迅速地將 2 大顆蛋白打發（見 Tips 85），放置一旁備用。

4. 在另一個碗中，用手持式電動攪拌器，將 0.5 條無鹽奶油，⅓ 杯糖，一顆檸檬的碎皮，打成糊狀。

5. 待柔軟膨鬆時，每次 0.5 大匙的量，以橡皮刮刀快速地拌入打發的蛋白。不要攪拌過度。保持混合物的膨鬆且輕盈狀態。

6. 然後，以大把撒入的方式，輕柔而快速地拌入 ⅓ 杯中筋麵粉。

7. 將麵糊倒入擠花袋中，在烤盤上，每隔 3 吋（約 7.6 公分），擠出一條長 4 吋（約 10 公分），寬 0.5 吋（約 1.3 公分）的條狀。

8. 每次烤兩盤，須烤 6 至 8 分鐘，直到每片餅乾的周圍有 ⅛ 吋（約 0.3 公分）上色。

9. 從烤箱中取出，立刻以彈性刮刀將餅乾鏟起、放到散熱架上。冷卻後會變脆。

Tips 93 ｜如何打碎杏仁和其他堅果

每次 0.5 杯，利用果汁機快速地間歇性開、關來打碎堅果；或者若是用食物處理機，每次最多可以打 ¾ 杯。一定要加至少 1 大匙的砂糖，以免堅果變油。

+ 變化

+ **餅乾杯** 製作出迷人、可食用的容器。製作 8 個直徑 3.5 吋（約 9 公分）的餅乾杯。

1. 將烤箱預熱至 425°F（約 218°C），將烤架放在中層或中下層。
2. 薄薄地在兩個大茶杯（或是開口外斜的碗、罐）的外側抹油，然後倒置，當作餅乾杯的模型。
3. 在兩張烤盤上抹油撒粉（見 Tips 81），每只烤盤標出四個直徑 5.5 吋（約 14 公分）的圓圈，須間隔 2 吋（約 5 公分）。
4. 準備好餅乾麵糊，一次處理一只烤盤。在每個圓圈中央放一匙麵糊。用湯匙的背面將麵糊抹平至 1/16（約 0.16 公分）的厚度。約烤 5 分鐘，直到餅乾上色幾乎到達中央 1 吋（約 2.5 公分）的位置。
5. 將烤盤放在打開的烤箱門上，立即快速地用彈性刮刀取下餅乾，放在倒置的杯子上，然後壓成杯子的形狀。餅乾幾乎會立刻變得酥脆。
6. 進行第二片餅乾時，將第一片餅乾取下放到冷卻架子上，然後迅速地進行第三片、接著第四片。
7. 關上烤箱門，讓溫度重新升到 425°F（約 218°C），再繼續處理第二張烤盤。

保存 在密封的容器中，餅乾可維持 1 至 2 天，或者也可以冷凍。

食用建議 在餅乾杯中裝入冰淇淋、雪酪、新鮮莓果或是甜點慕斯。

+ **瓦片餅乾** 這些餅乾像屋瓦一樣地彎曲，而不是平的。在擀麵棍或是瓶子上塑形，弄成圓弧狀。或是裹在木湯匙柄上，形成圓筒狀，或是塑造成號角狀，裡面放入甜的覆盆子慕斯。

+ **加入碎堅果的另一種配方：杏仁或榛果瓦片** 採用貓舌餅相同的配方，但是在奶油糊中拌入 1 杯烤過、磨碎的榛果或杏仁，還有 2 大匙動物性鮮奶油。然後繼續加入蛋白，以及最後的麵粉。

後記：比司吉
P.S. Biscuits

我把比司吉給忘了！一本食譜不管有多薄，都不能漏掉採用泡打粉製作的正統比司吉食譜，少了比司吉，也就做不出正宗草莓酥餅（strawberry shortcake）。

在本書即將付梓前，我和大衛・納斯鮑姆在茱蒂絲・瓊絲（Judith Jones，編按：美國知名烹飪書編輯）位於佛蒙特州東北王國地區的居家廚房一起研究出這個配方。

泡打粉比司吉
Baking-Powder Biscuits

每次聊到比司吉，我就會想到紐奧良杜奇契思餐廳的老闆兼主廚李雅・契思（Leah Chase），以及她為我們電視節目《廚藝大師》烤的比司吉。那是我記憶中所吃過最柔嫩、最鬆軟，真的是最棒的比司吉。這個配方是我們對她的製作方法的詮釋。

製作口感鬆軟的比司吉，關鍵在於以輕柔、快速的手法製作，這樣子就盡可能地不讓麵粉起筋。麵粉本身也很重要。

美國南方人採用軟質小麥（低筋）麵粉製作他們著名的比司吉，要達到類似的效果，可如本配方所示，混合使用一般中筋麵粉和蛋糕專用粉。

可製作約一打 2.5 吋（約 6.5 公分）比司吉。以 425°F（約 218°C）烘焙。

1. 預熱烤箱時，可準備好用具：準備好一張烤盤，鋪上一張烘焙紙，或抹油撒粉（見 Tips 81）；一把奶油切刀或兩把刀子，以及一個直徑 2.5 吋（約 6.3 公分）的圓形餅乾切模。

2. 在大攪拌碗中，量入 1.5 杯未經漂白的中筋麵粉，和 0.5 杯蛋糕粉，或 2 杯派粉（soft wheat〔pastry〕），再加上 1 ⅔ 大匙新鮮、沒有結塊的泡打粉（見 Tips 94），¾ 茶匙鹽，1 大匙糖。攪拌均勻。

3. 然後用奶油切刀（第 239 頁）或是兩把刀，迅速將 ¾ 杯白油拌入，直到沾粉的油脂顆粒呈小豌豆大小。

4. 用木匙或是雙手，輕柔、快速地將 1 杯牛奶大量拌入，製作出粗糙、略帶黏性的麵團。在這個階段不要試圖將麵團攪拌得太均勻滑順。

5. 將麵團倒在撒滿麵粉的工作檯面上，用輕柔的揉麵方式，將遠端往近端摺起，輕輕拍打成大圓圈；

6. 視情況撒上一些麵粉，然後將左邊摺向右邊，然後右邊摺向左邊，總共摺六次。

7. 最後將麵團攤平，輕拍成表面平整的長方形，厚度約 ¾ 吋（約 1.9 公分）。

8. 用圓形餅乾模切出比司吉的形狀，排放在烤盤上，盡量靠近但互不接觸。

9. 輕柔地聚攏台上殘餘的麵團，像先前那樣摺 2 至 3 遍，再拍成長方形，再切出比司吉，放在烤盤上，如此繼續直到用完所有的麵團。

10. 最後，用手指頭推擠比司吉的邊緣，讓它變得較為膨鬆。

11. 放在預熱烤箱內的中層或中下層，烤 15 至 20 分鐘，或直到完全烤熟，略微上色。溫熱或室溫食用。

如果有剩　最好是冷凍保存。從冷凍庫取出後，放入 350°F（約 177°C）的烤箱加熱數分鐘。

編按：白油，vegetable shortening，植物性起酥油。

+ 變化

+ **草莓酥餅**　就是知名的「strawberry shortcake」。在麵團中加入 2 大匙的糖而不是 1 大匙，也可以做成一個 1 吋（約 2.5 公分）高的大蛋糕

1. 每份約需 2 杯新鮮、成熟的草莓。留一顆漂亮的大草莓當裝飾，其餘的切半或切 4 瓣，放入碗中加入數滴新鮮的檸檬汁，每夸特的草莓就要放入 1 茶匙左右的糖。
2. 靜置 10 分鐘左右，讓草莓出水。視需要可加入更多檸檬汁和糖，再拌一拌。
3. 等到甜點的時間，將比司吉（或大蛋糕），橫切成半，將草莓和汁液淋在下半塊上，覆蓋上半塊，頂端放上一大坨甜鮮奶油（見 Tips 95），最後再將預留的大草莓置於奶油之上，即可漂亮上桌了。
4. 可以準備額外的打發甜鮮奶油，讓客人依喜好添加。

Tips94 ｜ 泡打粉

已開封的泡打粉約六個月就會失效，所以使用前一定要記得先測試：將 1 茶匙的泡打粉攪拌至 0.5 杯的熱水中。如果沒有很活躍地起泡反應，就可以扔掉。

Tips 95 ｜ 甜鮮奶油

製作 2 杯。依照 Tips 86 的說明，將 1 杯動物性鮮奶油或鮮奶油打發。
上桌前，篩入 0.5 杯的糖粉，用大型橡皮刮刀拌摺均勻；視喜好可加入 0.5 茶匙的純香草精。

→奶油切刀（pastry blender）用於將冷奶油切碎並均勻地混入麵粉中，特別是在製作派皮、司康、鬆餅等需要酥脆口感的糕點時使用。形狀像一個半月形的工具，有多個平行的金屬刀片或鋼絲，有一個握把。

Chapter 7 蛋糕和餅乾

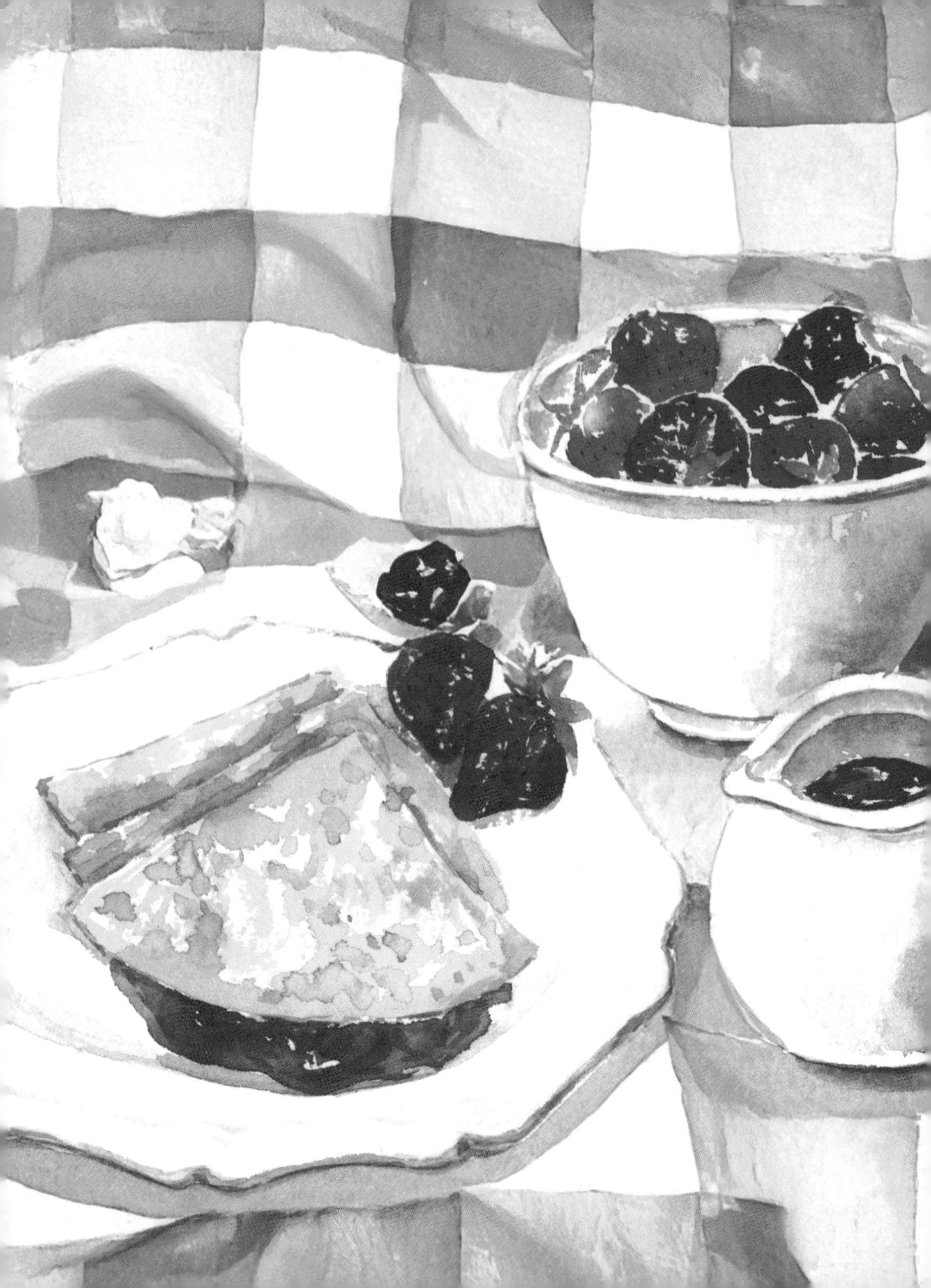

Chapter 8

廚房器材與定義

Kitchen Equipment and Definitions

廚房器材
Kitchen Equipment

橢圓形砂鍋
Oval Casseroles

橢圓形砂鍋比圓形要來得實用,因為可以放入一整隻雞或是大塊烤肉,也可用來燉或煮湯。好的組合應該包括(2支):

一支2夸特(約2公升)容量,寬6×8吋(約15×20公分),高3.5吋(約9公分)的鍋子;

以及一支7至8夸特,寬約9×12吋(約22.5×30公分),高6吋(約15公分)高的鍋子。

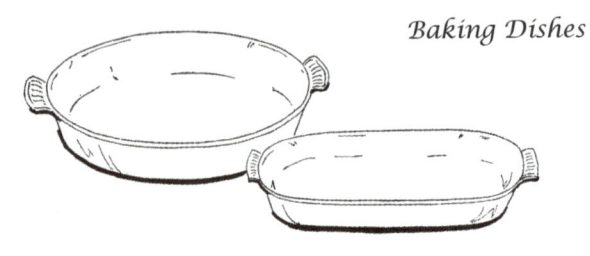

烘焙器皿
Baking Dishes

圓形和橢圓形的烤盤可以用來烤雞、鴨或是肉,也可以當作焗烤盤使用。

單柄湯鍋／醬汁鍋

Saucepans

　　各種不同尺寸的湯鍋是不可少的。有一支金屬握把的單柄湯鍋，就可以直接放入烤箱中。

編按：saucepan 的特色為有深度、直壁、單柄鍋，不鏽鋼或鋁、銅等材質等，製作醬汁之用。在臺灣一般會稱為「湯鍋」。本書中有些食譜，食材需先在火上加熱後，再送進烤箱，建議可備幾把不同大小的全金屬材質的醬汁鍋。

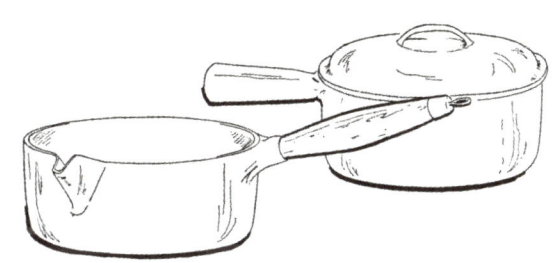

平底鍋和煎鍋

Chef's Skillet and Sauté Pan

煎鍋　煎鍋有略微傾斜的鍋邊，用於上色（browning）和翻炒小塊食材，如蘑菇或雞肝等。長柄設計讓你可以輕易地拋炒食材，而不是只能用鏟子翻面的方式。

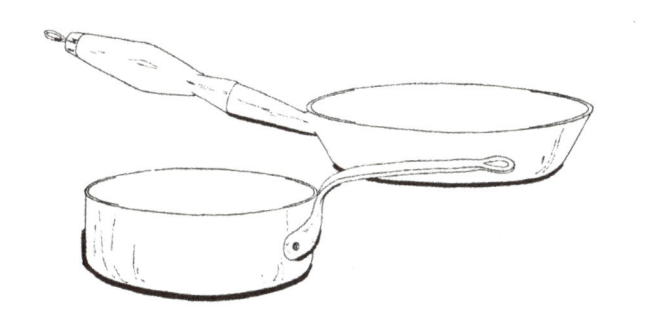

平底鍋　平底鍋的邊是垂直的（直壁），用來煎小塊牛排、肝或是小牛肉片，或是必須先上色然後加蓋完成烹調的雞肉之類食材。

實用的廚房用品
Kitchen Equipment

除了常見的各式鍋子、烤盤、刨刀、湯匙和刮刀之外,以下是一些能讓烹調工作進行得更順利的工具。

刀和磨刀棒
Knives and Sharpening Steel

一把刀可以鋒利如剃刀,或是根本無法切割、剁,只能弄爛、弄傷食物而已。如果單憑刀本身的重量,就能劃破番茄表皮的話,那就是把夠鋒利的刀。

沒有一把刀能夠長久維持如剃刀般的鋒利度。重點是要能快速地恢復鋒利度。普通易鏽鋼＊最容易磨利,但生鏽是個讓人困擾的問題。

廚具用品店和刀具店中都有優質的不鏽鋼刀具,測試其品質的最佳方法可能就是先買一把小的試用看看。

圖中的法式主廚刀(chef's knives),是最實用的多功能刀具,可以用來切、剁碎和削皮(paring,片肉、修整食材)。

如果買不到好刀具,可以請教你的肉販,或是受過專業訓練的廚師。

刀子使用完畢後,應該立刻單獨手洗。生鏽的刀刃,用鋼絨菜瓜布和去汙粉就可以輕易地清理乾淨。

在牆上釘個磁性刀架是實用的方法,可以隨手就拿得到刀,又能避免與其他物品碰撞而造成刀刃變鈍或缺角。

木鏟與橡皮刮刀
Wooden Spatulas and Rubber Scrapers

攪拌時，用木鏟要比用木湯匙來得實用，其平坦的表面可以輕易地在平底鍋或碗的邊緣刮除（食材）。通常可以在專門進口法國物品的商店中找到木鏟。

橡皮刮刀幾乎到處都買得到，可把醬汁從碗和鍋中刮出，以及攪動、拌料、打發和塗抹等，是不可少的用具。

鋼絲打蛋器
Wire Whips or Whisks

鋼絲打蛋器或攪拌器非常適合用來打蛋、調醬料（汁）、罐頭湯品和一般性的攪拌（混合）等。

這比旋轉的打蛋器好用，因為只需要一隻手就可操作。

打蛋器尺寸從纖小到很大都有，餐具用品店通常有最齊全的選擇。你應該準備幾種不同尺寸的打蛋器，包括最左邊那種用來打發蛋白的瓜型打蛋器（baloon whip）。

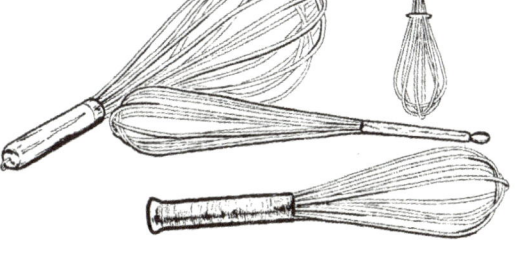

Chapter 8 廚房器材與定義　245

料理滴管和廚房剪刀
Bulb Baster and Poultry Shears

料理滴管（吸油滴油管）特別適合為砂鍋中的肉類或是蔬菜淋汁，也可用來為烤肉去油或淋油。某些塑膠製的滴管在高溫油脂中容易變形；通常金屬管頭的滴管會更耐用。

廚房用剪刀（家禽剪）在處理烤雞和炸雞時非常有用，普通鋼材剪比不鏽鋼剪更實用，因為可以更容易磨利。

編按：目前臺灣本地的網購選項，滴管材質大多為玻璃。

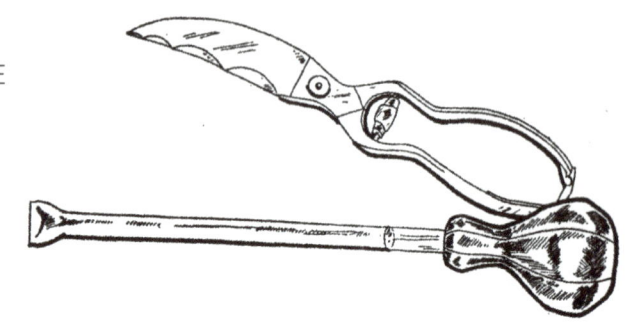

磨菜器和蒜泥器
The Vegetable Mill (or Food Mill) and Garlic Press

磨菜器和蒜泥器是兩個絕妙的發明。磨菜器能將湯品、醬料（汁）、蔬菜、水果、生魚或是慕斯混合物快速地磨成泥。最好的磨菜器配備三個可拆卸替換的磨盤，直徑約 5.5 英吋（約 14 公分），可適用於粗磨、中磨和細磨不同的需求。

蒜泥器可以將一瓣完整、未去皮的大蒜或是切成塊的洋蔥壓成泥。

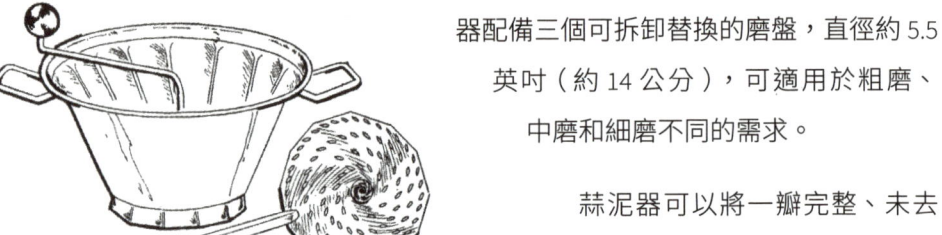

食物處理機
The Food Processor

這個神奇的機器在七〇年代中進入我們的廚房。

食物處理機開創了烹飪革命,讓某些極度複雜的高級菜餚變成變得輕而易舉,短短幾分鐘就能做出慕斯。

除了各種快速的切片、剁碎、磨泥等功能之外,食物處理機能做出很棒的派皮、美乃滋和多種發酵麵團。認真的廚師都少不了它,尤其是合理的預算就能買到相當不錯的機型。

編按:食物處理機(processor)與調理機(blender,本書一律稱果汁機)有所不同,後者類似果汁機。若要達成如茱莉亞要求的功能,建議選擇如圖所示的種類。

杵與臼
Mortar and Pestle

小型木製或陶製的杵與臼適合研磨香料、搗碎堅果等。大型研缽是用大理石製成,可以用來將貝類、肉類搗成泥。

在許多時候,電動的果汁機、絞肉機還有磨食機已經取代了杵與臼。

Chapter 8 廚房器材與定義　247

重型電動攪拌機
Heavy-Duty Electric Mixer

1 打蛋用的攪拌頭

2 揉麵勾

3 平板攪拌棒,攪拌厚重麵糊、絞肉等

一個重型的電動攪拌機,讓攪拌厚重的肉餡、水果蛋糕麵糊還有發酵麵團等工作變輕鬆了,同時也可以不費力地將蛋白打得很漂亮。其高效的打蛋攪拌棒不僅能自轉,還能在設計良好的特製攪拌碗內環繞運轉(轉繞),使所有蛋白都能持續不斷地攪動打發。

其他實用的配件包括帶有灌香腸管的絞肉器,以及可安裝在不鏽鋼攪拌缸底部的熱水加熱器。雖然價格不便宜,但是做工扎實,對經常下廚的人來說是好用一輩子的輔助工具。

定義
Definitions

刷 BASTE, *arroser*
用湯匙將融化的奶油、脂肪或液體刷在食物上。

打 BEAT, *fouetter*
用湯匙、叉子、打蛋器或電動攪拌器，徹底而且強而有力地混合食材或液體。在打發的時候，要訓練自己使用下臂和手腕的肌肉，如果用肩膀的力量來打發，很快就會疲累了。

燙 BLANCH, *blanchir*
將食物迅速地放入滾水中，煮到變軟、凋萎（變蔫）或是部分／完全煮熟。燙也能去除食材過度強烈的味道，如高麗菜或是洋蔥，或者是培根的鹹味和煙燻味。

混合 BLEND, *mélanger*
用叉子、湯匙或鏟子將食材混合，力道要比「打」輕柔。

滾 BOIL, *boullir*

技術上來說，當液體開始翻滾、冒泡的時候就滾了（沸騰狀態）。但實際烹調時，沸騰可分為小滾、中滾和大滾三種程度。

+ 小火慢滾（SIMMER, *mijoter*）　小火燉煮或文火煮。液體除了在某一點冒泡之外，液體幾乎不動的狀態。

+ 微滾、微沸（SHIVER, *frémir*）　更柔和的沸騰狀態是連泡都沒有，只有液體表面極微小的一點浮動，通常用於白煮魚或是其他必須細火慢煮的細緻食材。

燜、燴 BRAISE, *brasier*

先將食材在油中煎至表面金黃，然後加入少許液體，蓋上鍋蓋燉煮。我們也用這個詞來形容：在有蓋的燉鍋中用奶油烹調蔬菜的方式，因為英文中沒有對應法文 étuver（燜煮，法式烹調法）的詞彙。

包裹湯匙 COAT A SPOON, *napper la cuillére*

這個詞用來形容顯示醬汁的濃稠度，而這似乎是唯一最適合的描述方式。
將湯匙浸入奶油濃湯再抽出後，湯匙表面會附著一層薄薄的湯汁。而將湯匙浸入用來覆蓋住食材的醬汁，再拿出來時，湯匙上應該會「包裹著」相當厚的一層醬汁。

去渣 DEGLAZE, *déglacer*

在烤過、煎過肉後，將鍋中多餘的油脂去除，然後倒入液體並以小火煮滾，然後將鍋底所有滋味豐富的凝渣汁液、焦香的凝結肉汁，都刮下來一起滾煮。
這是製作各種肉類醬汁時的重要步驟，從最簡單到最精緻的醬汁都適用。這種提取鍋底精華的方式會將肉類的風味融入醬汁中，使醬汁成為肉類最合理且完美的搭配。（編按：又稱「洗鍋收汁」。）

去油 DEGREASE, *dégrassier*

從熱騰騰液體的表面去除累積的油脂。

+ **為醬汁、湯和高湯去油**：正在文火煮沸時，從滾燙的醬汁、湯或是高湯的表層去除累積的油脂，要用長柄湯匙輕輕滑過表面，撈起一層薄薄地浮油。在這個階段不需要將所有油脂都去除乾淨。

  1 等到完成烹調後，要去除所有油脂。如果液體仍舊很燙，靜置 5 分鐘，好讓油浮到表面。

  2 然後用湯匙撈起油脂，可以將鍋子傾向一側，這樣會讓較多的油脂集中在一側，比較容易去油。當已盡可能地舀出表面浮油之後（這絕對不是個快速的過程），將撕成條狀的廚房紙巾從表面拖過，直到浮在表面的油脂全部被吸掉。

  3 當然，更簡單的方法是讓液體冷卻，這樣一來油脂就會凝結在表面，就能輕易刮除。

+ **為燒烤去油**：想要在肉仍在烤的時候，除去烤盤中的油脂，可以將烤盤略微傾斜，然後舀出流向角落的脂肪。

  1 仍在燒烤中：可以用料理滴管或是大湯匙。在這個階段，沒有絕對的必要除去所有的油脂，只要除去過多的油脂即可。去油的過程應該要很迅速，否則烤箱就會冷掉。如果你花太多的時間去油，就要增加燒烤的時間。

  2 燒烤完畢：當將肉取出後，傾斜烤盤，然後用湯匙或料理滴管除去聚集在一角的油脂，但是不要除去褐色的汁液，因為那些是要留做醬汁的。通常，在烤盤中留下 1 至 2 匙的油，這會讓醬汁更扎實、有滋味。

  3 收集肉汁煮成淋醬：還有另一種方法，適用於汁液很多的情況。

     a 將一盒冰塊放在鋪了兩三層濕細綿布（起司布）的篩網裡，並將篩網架在單柄湯鍋（醬汁鍋）上。

     b 將油脂和汁液從冰塊上倒下去，大多數的油脂會聚集和凝結在冰塊上。

     c 由於部分冰塊會融入鍋中，要快速將肉汁煮至濃縮以保留其風味。

+ **為砂鍋去油**：針對燉菜和其他以砂鍋燉煮的食材。

    1 傾斜砂鍋就可以將油脂聚集在一側。用湯匙舀出，或用料理滴管吸出。

    2 或是，將砂鍋蓋上，但留一點縫隙，然後用雙手握住砂鍋，拇指扣住鍋蓋，將所有湯汁濾倒入平底鍋中，然後在平底鍋中進行去油，再將留下來的湯汁倒回砂鍋。

    3 或者是將所有的熱肉汁倒入去油壺（壺嘴開口在壺底），待油浮到表面時，打開底部的壺嘴倒出無油的肉汁；當油脂降至壺嘴時就要停止。

↑油湯分離隔油壺

切丁 DICE, *couper en dés*

將食物切成形狀如骰子般的方塊，通常大約是 ⅛ 吋（約 0.3 公分）大小。

拌摺、拌入 FOLD, *incorporer*

將較脆弱的混合物（如打發的蛋白），輕柔地摻入較厚重的混合物（如舒芙蕾麵糊）。「拌摺」的技巧在蛋糕章節有詳細描述（Tips 84 和第 223 頁等）。

「拌入」又指在不弄碎或是壓爛食材的情況下，進行輕柔地混合，例如，將煮好的朝鮮薊心或腦，拌入醬汁中。

焗烤 GRATINÉ

通常是放在烤箱上火的下方,讓有淋醬的菜餚表面上色(焦黃或褐色)。撒上一些麵包碎或是碎乳酪,一點點奶油,都有助於在醬汁表面形成一層淺褐色的外皮(法語詞是 gratin,奶汁焗烤)。

醃漬 MACERATE, *macérer;* MARINATE, *mariner*

將食材放入液體中,以吸收味道風味或變得更軟嫩。

+ 漬(MACERATE, *macérer*):通常用在水果上,如糖漬櫻桃,將櫻桃浸漬在糖和酒精中。

+ 醃(MARINATE, *marine*):通常用在肉類上,如用紅酒醃肉。醃泡汁是泡菜汁、鹽水或是酒,或是酒或醋、油和調味料的混合。

剁碎 MINCE, *hacher*

將食材切得細碎。(編按:如蒜末等。)

包裹 NAP, *napper*

用醬汁覆蓋食物,醬汁要夠濃稠以便附著,但同時要保持足夠的滑順度,使食物的輪廓仍然清晰可見。

白煮 POACH, *pocher*

將食物放入小滾的液體中煮熟。

打泥 PURÉE, *réduire en purée*

將固體食物變成爛泥狀，如蘋果泥或是馬鈴薯泥。可以用杵與臼、絞肉器或是果汁機或是篩網進行。

收汁 REDUCE, *réduire*

將液體滾煮，使得分量減少，味道濃縮。這是在製作醬汁中最重要的步驟。

殺青 REFRESH, *rafraîchir*

將熱食浸入冷水中，以快速冷卻，中止加熱的過程，或是清洗乾淨。

煎炒 SAUTÉ, *sauter*

用非常少量、高溫的油來烹調、上色食材，通常是在煎鍋中進行。可以單純為了上色而煎，如煎要燉的牛肉。也可以煎到食物完全熟透，如煎肝片。

煎炒是最重要的基本烹調技巧，但是卻往往因為沒有注意到以下幾點，以至於做得不好：

+ **在食材入鍋以前**：煎的油必須非常地熱，幾乎到冒煙的狀態，否則就無法封住食材的汁液，也不會上色。煎的媒介可以是脂肪、油或是奶油。
  純奶油無法加熱到煎必須的溫度而不燒焦，所以必須用油或是澄清奶油強化。

+ **食材絕對要是乾的**：如果食材表面濕潤，就會在食物和油脂之間形成蒸氣，會阻礙上色和封住汁液的過程。

+ **鍋子不可擁擠**：每塊食材之間必須留有足夠的空間，否則就會變成蒸的，無法上色，而汁液也會流失、燒焦。

拋 TOSS, *faire sauter*

除了用湯匙或是鏟子翻炒食材，也可以拋鍋讓食材翻面。最經典的例子就是將鬆餅拋起來，在空中翻面。同時在烹調蔬菜時，拋也是個很有用的技巧，因為這樣子對食材造成的擠壓會比較少。

+ **加蓋的砂鍋**：用雙手握住鍋子，拇指扣住鍋蓋。以上下、略微搖動、環狀運動的方式拋。這樣可以讓鍋內食材翻面並改變受熱位置。

+ **無蓋單柄湯鍋**：也可以採用相同的手法，用雙手握住鍋柄，拇指朝上。

+ **平底煎鍋**：用的技巧則是前後的滑動。當你將鍋子往回拉向自己的時候，略微地向上抖一下。

茱莉亞的私房廚藝書
一生必學的法式烹飪技巧與經典食譜
Julia's Kitchen Wisdom: Essential Techniques and Recipes from A Lifetime of Cooking

作　　者	茱莉亞・柴爾德（Julia Child）
協　　力	大衛・納斯鮑姆（David Nussbaum）
譯　　者	王淑玫
發 行 人	王春申
選書顧問	陳建守、黃國珍
責任編輯	陳淑芬
封面設計	盧卡斯工作室
內頁設計	高慈婕（含插圖生成）
插　　畫	灰塵魚、Sidonie Coryn（第 8 章）
攝　　影	Paul Child

營　　業	王建棠
資訊行銷	劉艾琳、孫若屏
出版發行	臺灣商務印書館股份有限公司

23141 新北市新店區民權路 108-3 號 5 樓（同門市地址）
電話：(02)8667-3712　　　傳真：(02)8667-3709
讀者服務專線：0800056193　郵政劃撥：0000165-1
E-mail：ecptw@cptw.com.tw　網路書店網址：www.cptw.com.tw
Facebook：facebook.com.tw/ecptw

Complex Chinese Translation copyright © 2025 by THE COMMERCIAL PRESS, LTD.
JULIA'S KITCHEN WISDOM
Copyright © 2000 by Julia Child
All rights reserved including the right of reproduction in whole or in part in any form.
No part of this book may be used or reproduced in any manner for the purpose of training artificial intelligence technologies or systems.
This edition published by arrangement with Knopf Cooks, an imprint of The Knopf Doubleday Publishing Group, a division of Penguin Random House LLC.

局版北市業字第 993 號
二版　2025 年 8 月
印刷　鴻霖印刷傳媒股份有限公司
定價　新台幣 480 元

法律顧問　何一芃律師事務所
有著作權・翻印必究
如有破損或裝訂錯誤，請寄回本公司更換

國家圖書館出版品預行編目 (CIP) 資料

茱莉亞的私房廚藝書：一生必學的法式烹飪技巧與經典食譜/茱莉亞.柴爾德(Julia Child)著；王淑玫譯. -- 再版. -- 新北市：臺灣商務印書館股份有限公司, 2025.08
　256面；17×22分. --（CIEL）
譯自：Julia's kitchen wisdom : essential techniques and recipes from a lifetime of cooking
ISBN 978-957-05-3643-0(平裝)
1.CST: 食譜 2.CST: 烹飪 3.CST: 法國
427.12　　　　　　　　　　　　　　114009828